灰枣高产栽培新技术

主　编

李占林　马元忠

副主编

赵旭升　刘晓红　穆均冉

编著者

（以姓氏笔画为序）

马元忠　王　奎　王占萍　平　峰

刘晓红　李占林　赵旭升　杨　丽

杨　旭　陈谟林　张国卿　岳民森

顾　红　贾宏伟　穆均冉　蒯传化

金盾出版社

内 容 提 要

本书由河南省新郑市枣树科学研究所高级工程师李占林等编著。内容包括:概论,灰枣品种特性及物候期,适宜的环境条件,灰枣的种苗繁育、规范化栽植、土肥水管理、整形修剪、高接换种和树体保护、保花保果、病虫害防治、采收制干和贮藏等技术。全书内容通俗易懂,简明扼要,科学实用,可操作性强,适合枣区群众和基层技术人员学习使用,也可供农林院校有关专业师生阅读参考。

图书在版编目(CIP)数据

灰枣高产栽培新技术/李占林,马元忠主编.—北京:金盾出版社,2009.6

ISBN 978-7-5082-5691-7

Ⅰ.灰…　Ⅱ.①李…②马…　Ⅲ.枣—果树园艺　Ⅳ.S665.1

中国版本图书馆 CIP 数据核字(2009)第 051799 号

金盾出版社出版、总发行

北京太平路 5 号(地铁万寿路站往南)

邮政编码:100036　电话:68214039　83219215

传真:68276683　网址:www.jdcbs.cn

封面印刷:北京金盾印刷厂

正文印刷:北京金盾印刷厂

装订:永胜装订厂

各地新华书店经销

开本:850×1168 1/32　印张:5.75　字数:134 千字

2011 年 1 月第 1 版第 4 次印刷

印数:50 001～70 000 册　定价:10.00 元

前　言

灰枣是我国最古老的枣树品种之一，也是我国优良的鲜食、制干兼用枣品种，原产于河南省新郑，栽培历史悠久。1978 年在河南新郑裴李岗遗址发掘过程中发现 8 000 年前的炭化枣核，经有关专家鉴定，与现代的灰枣枣核相似。灰枣栽培的文字记载最早出现在公元前 1200 年的《诗经·郑风》中。新郑地区现有树龄在百年以上的古枣树数十万株，是全国古枣树最多的枣区之一。

灰枣抗干旱，耐盐碱，耐瘠薄，易繁殖，好管理，结果早，寿命长；枣果营养价值高，保健功能强，经济效益好，生态效益高，自古以来就深受广大人民群众的喜爱，成为全国山、沙、旱、碱、贫等地区作为繁荣农村经济，增加农民收入，调整农业结构，改善生态环境的"摇钱树"和"生态树"进行大力发展。目前，河南、新疆、甘肃、宁夏、内蒙古等省、自治区栽培灰枣数十万公顷，灰枣已成为我国第一大枣树品种。

灰枣皮薄、肉厚、核小、味甘、香味浓、品质佳，具有较高的营养价值和保健功能，有"活维生素丸"之美誉。"百药枣为引"，灰枣在中医学上有很高的医疗保健作用，几千年来就是一味传统的中药，是不可缺少的"药引"。"日食仨枣，长生不老"，常食（灰）枣可治疗身体虚弱，神经衰弱，脾胃不和，消化不良，贫血消瘦等。此外，枣果中还含有较多的类黄酮（EGB）和环磷酸腺苷（CAMP）等物质，对预防心脑血管病和癌症均有一定的作用。

灰枣经济价值高，市场前景好，是我国传统的出口创汇果品，在历史上就有"唯新郑灰枣能过江"之说。灰枣质优价高，原枣及枣制品的市场价普遍好于其他枣品种，价格往往是其他枣区枣的 5～10 倍。在大众水果价格普遍下降，市场滞销的情况下，灰枣的价格却一直上扬，畅销不衰，其价格是大众水果的数十倍，灰枣产业的发展也带动了农业、工业、商业、旅游业的发展。

近几年，灰枣产业的发展取得了可喜的成绩，但是，也存在不少问题。在一些枣区枣树管理粗放，新技术普及率低，病虫害严重，单产低，质量差，经济效益不高，在某种程度上影响了枣农种枣、管枣的积极性。此外，在已出版的枣树专著中没有一部是针对灰枣的，许多新种植灰枣的枣区农民和技术人员对灰枣的管理只能是"照葫芦画瓢"，没有一套相对完整、系统的灰枣栽培管理技术手册以供参阅。为此，我们本着科学、先进、实用的原则，编著《灰枣高产栽培新技术》一书，主要针对灰枣栽培中存在的问题，从灰枣的品种特性、适宜的环境、种苗繁育、规范化栽植、土肥水管理、整形修剪、高接换种、树体保护、保花保果、病虫害防治、采收制干、分级贮藏等方面进行了论述，以便枣区群众和基层技术人员参考，也期望它能对新兴枣区的农民和技术人员有所帮助，使他们的灰枣管理技术更上一层楼，进一步提高灰枣的栽培效益，促进灰枣产业健康、持续发展。

本书编写过程中，在总结前人和自己灰枣栽培实践经验的基础上，参考和引用了许多枣业界同仁的科研成果、专著和学术论文，在此谨向所有作者表示最真诚的感谢。由于时间仓促、知识浅薄和掌握的资料有限，书中的错误和不妥之处在所难免，敬请读者指正，并予以谅解。

编著者

2008 年 6 月

目　　录

第一章　概　论

第一节　灰枣栽培的意义

一、种植灰枣的意义

(一)灰枣树是调整农业产业结构的首选树种　灰枣是我国优良的制干、鲜食兼用品种，其栽培具有较高的经济效益，不仅可以矮化密植，而且还可以枣粮间作和山地栽培。它与一般枣树一样发芽晚、落叶早、枝疏叶小、年生长期短，与间作物争水、争肥、争光的矛盾相对较小，枣粮间作可获得树上、树下双丰收，是立体农业种植的典范，在河南省新郑枣区，有“上有摇钱树，下有聚宝盆”的民间谚语。

枣粮间作，不仅解决了农业产品结构单一、农民收入低的问题，而且还具有较高的生态效益。例如它调节了农田小气候，改善了农田生态环境；提高了土地利用率，充分利用光、热、水、土等资源；改善了土壤结构，提高了土壤肥力，为枣粮双丰收创造了条件。目前在栽培上常见的枣粮间作模式有：一年间作两季，如枣＋小麦(夏收)＋花生、红薯、豆类等(秋收)；一年间作一季，如枣＋小麦，枣＋花生、红薯、豆类等；枣与瓜菜间作，如枣＋瓜类，枣＋黄花菜；枣与水果间作，如枣＋草莓；此外还有枣＋棉花，枣＋中草药，枣＋牧草等间作模式。枣粮间作要注意间作物的选择，间作物不宜种植高秆作物(玉米、高粱等)，尽可能地选用低秆作物。间作期的长短因栽植密度、土壤肥水条件、管理水平的不同而不同。一般栽培密度大、土壤肥水条件好、管理水平高的枣园间作时间短，反之，可长期间作。

（二）灰枣树是治理"三荒"、防风固沙的先锋树种 灰枣树适应性强，抗干旱，耐瘠薄，固风沙，在山、沙、旱、盐碱地区均能生长，被称为"人类的生态树，水土保持的圣树"。在我国干旱、半干旱地区种植，能起到增加绿色植被、防风固沙、保持水土、改善生态环境的作用，使戈壁变绿洲、"三荒"变果园。"桃三杏四梨五年，枣树当年就卖钱，百年结果不偷闲，千年生态做贡献"，这充分说明了灰枣不仅具有较好的经济效益，而且具有较高的生态效益。实践证明，灰枣皮红，"心"更红，在山、沙、旱、碱地区要想改善生态环境和人民群众生存、生产和生活条件，灰枣是先锋树种。治理"三荒"，灰枣先行。

（三）灰枣树是帮助农民致富的理想树种 灰枣在许多山区、沙区、盐碱区、干旱区等贫困地区，已成为带动当地经济发展，振兴当地经济繁荣的"功臣"，在区域经济发展和人民生活中占有举足轻重的地位，是实现农业增效、农民增收、财政增长的摇钱树、致富树。枣产业的振兴发展拉动了农业、工业、商业、旅游业的发展，如：新疆维吾尔自治区若羌县 2000 年以前人均收入 2 074 元，通过大力发展红枣产业，到 2006 年人均收入 4 342 元；绿洲森林覆盖率由 2000 年的 12%，提高到现在的 43%；短短 5 年间，95%的贫困人口靠枣树脱了贫，致了富，走出了一条绿洲生态改善与农牧民增收致富的"双赢"之路。河南省新郑市孟庄镇 2006 年人均灰枣 800.4 平方米，年人均纯收入 4 078 元，而枣的收入占全年人均收入的 70%以上。新郑地区农民的一句顺口溜，充分印证了种植灰枣的好处，"管好十亩田，不如管好一亩（枣）园"。发展灰枣已成为贫困地区农民脱贫致富的捷径。

二、灰枣的营养价值

灰枣皮薄、肉厚、核小、品质佳，营养成分既丰富又全面，其果实除含有大量的糖分、维生素 C 外，还含有一定的脂肪、蛋白质、氨基酸、纤维素、果酸及多种维生素和矿质元素，尤其是鲜枣的维生素 C 含量居所有栽培水果之首，每 100 克鲜枣中维生素 C 含量达 300～600 毫克，是柑橘的 8～17 倍，桃的 75～100 倍，被誉为“维生素 C 之王”、“活维生素丸”。

灰枣枣果中含有人体不可缺少的多种矿质元素。据农业部农产品质量监督检验测试中心的测定，新郑灰枣干枣含有硒 0.012 毫克/千克 、磷 100 毫克/千克、锌 7.46 毫克/千克、铜 1.2 毫克/千克、铁 24.8 毫克/千克、锰 8.78 毫克/千克、镁 440 毫克/千克、钙 788 毫克/千克、钾 6.64×10^3 毫克/千克、钠 70.3 毫克/千克。

据农业部农产品监督检验测试中心测定，新郑灰枣干枣含粗蛋白质 4.12%、维生素 C 22 毫克/100 克、维生素 A 23.6 单位/100 克、维生素 E 0.46 单位/100 克、维生素 B_1 0.11 毫克/100 克、维生素 B_2 0.44 毫克/100 克。此外，枣果中还含有 16 种氨基酸，其中含天门冬氨酸 0.46%、苏氨酸 0.07%、色氨酸 0.15%、谷氨酸 0.21%、脯氨酸 0.75%、甘氨酸 0.09%、丙氨酸 0.09%、缬氨酸 0.10%、蛋氨酸 0.13%、异亮氨酸 0.15%、亮氨酸 0.14%、酪氨酸 0.06%、苯丙氨酸 0.07%、赖氨酸 0.09%、组氨酸 0.07%、精氨酸 0.10%，在已知的氨基酸中，有 8 种氨基酸在成人体内不能合成，必须从食物中摄取，另有 2 种氨基酸是幼儿体内不能合成的，而灰枣中均含有这几种氨基酸，因此，灰枣是老少皆宜的滋补果品。

三、灰枣的药用价值

灰枣在中医学上有很高的医疗保健作用，几千年来就是一味传统的中药，许多古代医书均有详细的记载，清代医学家汪昂著作《本草备要》记载：大枣能“补中益气，滋脾、润心肺、缓阴血、生津液、悦颜色、通九窍、助十二经、和百药”。《本草纲目》中记载：“枣核烧后，研成粉治胫疮”。红枣除有养血安神、健脾和胃、护肝养颜、补气强身等滋补作用外，还能消解药毒，中和百药，入十二经是不可缺少的“药引”。枣果中还含有较多的类黄酮(EGB)和环磷酸腺苷(CAMP)等物质，对预防心脑血管病和癌症均有一定的作用。据测定，灰枣中环磷酸腺苷(CAMP)的含量为 115 毫微摩尔/克，鲜重分别是苹果的 300 多倍，梨、桃的 7 600 倍，李的 1 000 倍。“日食仨枣，长生不老”，常食大(灰)枣可治疗身体虚弱，神经衰弱，脾胃不和，消化不良，劳伤咳嗽，贫血消瘦等。

枣树全身是宝，除枣果可食用、药用外，枣树叶、吊、皮分别含有维生素、鞣革物质、单宁和枣酸及铁、锌等微量元素，其加工制品有消炎、清血、活血的作用，具有独特的营养和药用价值。

四、灰枣的经济价值

新郑灰枣是我国传统的名、特、优产品，在国内外享有较高的声誉，尤其在南方市场和东南亚诸国“新郑红枣甜似蜜”更是家喻户晓，新郑灰枣优良的品质，已被人们所认识和肯定，也赢得了不少的桂冠。1990 年新郑灰枣在新疆全国枣产品(干枣类)质量评比中名列第一，作为新疆灰枣代表的“楼兰牌”灰枣，先后被授予“新疆十大农业名牌产品”、“中国红枣优质产品一等奖”、“上海博览会畅销产品奖”、“第十五届乌洽会金奖”、“中国(国际)首届枣业博览会金奖”、“中国(国际)第二届红枣高层论坛会金奖”等荣誉称号。

新郑灰枣质优价高，原枣及枣制品的市场价普遍好于其他枣品种，价格往往是其他枣区枣的 5～10 倍。目前，国内各大、中城市对灰枣的需求量越来越大，价格也越来越高，在 20 世纪 80 至 90 年代，新疆灰枣市场价 8～10 元/千克，2006 年新疆灰枣市场价 17～20 元/千克，2007 年新疆灰枣市场价 30～45 元/千克。新郑灰枣市场平均价 9～13 元/千克，市场上最高售价达 20～24 元/千克。

近年来,大众水果价格普遍下降,市场滞销,而红枣的价格却一直上扬,畅销不衰,其价格是大众水果的10~15倍,灰枣经加工分级、品牌包装,身价倍增,零售价高达160元/千克,单个灰枣零售价在1元人民币左右。枣业的发展也带动了农业、工业、商业、旅游业的发展,如:河南省新郑枣区依托新郑红枣品牌优势,成立了各种类型的枣加工企业80余家,年加工灰枣1 800万千克,净增效益1.5亿元,带动农村剩余劳动力向二、三产业转移8万余人。灰枣又是我国传统的出口创汇果品,据有关资料统计,我国年出口灰枣200万千克,年创汇2 000万元。

枣全身皆宝,具有较高的经济价值。从古代的手工业到现代工业,都有从事与枣有关的加工业,枣的加工品已达数百个品种。枣树材质坚硬,可制作乐器、雕刻工艺品等,如:福建木雕厂利用灰枣特有"花瓶"树干雕刻成的工艺品,市场售价高达几千至数万元;枣核可加工制造活性炭,是重要的工业原料;枣花蜜是现代中药加工业的原料。

五、灰枣的生态效益

灰枣不仅具有较高的经济效益,而且具有较好的生态效益。枣林具有防风、固沙、降低风速、调节气温、防止和减轻干热风危害的作用。据新郑市枣树科学研究所测定,农枣间作区风速降低20.9%~62.1%,气温降低1.2℃~5.8℃,大气相对湿度提高0.5%~11.3%,土壤含水率提高4.5%~5.1%,蒸发量减少8%~44.7%。

枣树根系发达,保土固沙能力强,新郑枣区20世纪50年代有不少流动沙区,栽上灰枣后8~10年,沙丘已被枣树固定。此外,在河谷、山坡营造枣林,有明显的防止水土流失的功效。在庭院或四旁栽植枣树,花香沁心,红果诱人,不仅有收益,而且美化环境。

第二节 灰枣的栽培历史及现状

一、灰枣的栽培历史

新郑灰枣的种植历史最早可以追溯到8 000年前的裴李岗文化时期。1978年在河南省新郑裴李岗遗址发掘过程中发现8 000年前的炭化枣核，经有关专家鉴定，与现代的灰枣枣核相似。灰枣栽培的文字记载，最早出现在公元前1 200年的《诗经·郑风》中，有“八月剥枣，十月获稻”的诗句。春秋时期，郑国名相子产执政时，郑国（今河南省新郑地区）都城内外，街道两旁，已是枣（灰枣）树成行。新郑地区民间发现的汉代铜镜上就刻有“上有仙人不知老，渴饮礼泉饥食枣”的诗句。南北朝时《齐民要术》对新郑地区灰枣种植和管理方法均有详细的记载。到了明代，新郑灰枣的种植已形成规模，明代十大才子之一的高启留下了“霜天有枣收几斛，剥食可当江南粳”的诗句。新郑地区现有百年以上树龄古枣（灰枣）树数十万株，是全国古枣树最多的枣区。

新郑灰枣的大发展经历了4个时期。第一个发展高峰期是明万历年间，明相高拱（今新郑人）为造福乡里，拨大量资金，资助鼓励新郑地区发展枣树（灰枣）；第二个高峰期是清朝嘉庆年间，当时新郑县令发现灰枣树在大灾之年有救人活命的重要作用，便强制发展；第三个高峰期是20世纪70年代，大搞封沙育林；第四个时期就是进入20世纪90年代以来，新郑灰枣在世界市场畅销，经济效益大涨时期。全国各地纷纷引种灰枣，新疆地区更是将灰枣定为主栽品种大力发展，年栽植灰枣近6 700公顷，上千万株。

新中国成立后，我国各级政府非常重视灰枣发展，先后出台了许多政策强力推进，每年都拿出数千万元资金对灰枣产业的发展给予扶持。如：新郑市成立红枣产业指挥部，先后出台《关于大力发展红枣产业的意见》、《关于对枣园水利建设优惠办法的通知》、《关于建立枣基地保护区的通知》等政策性措施；明确规定了土地30年不变政策；同时，向枣农发放《林权证》、《土地使用证》。建立健全了责任目标管理制度及奖惩办法，从政策和制度上保护了灰枣的生产和开发，调动了各方面的积极性，发展十分迅速。如：新疆维吾尔自治区若羌县在红枣(灰枣)产业发展的各个环节努力做到了产品标准化、生产规范化、经营方式产业化和生产者知识化(专业化)，到2008年已发展以灰枣为主栽品种的红枣1 000多万株，成为我国灰枣栽植株数最多的新兴枣区。

二、灰枣的栽培现状

灰枣是河南省新郑枣区的主栽品种，约占枣树栽培总量的80%，主要分布在河南省新郑市的孟庄、薛店、龙湖、郭店、新村、龙王、八千、和庄8个乡镇，105个行政村和郑州郊区，以及中牟、尉氏等县的部分乡镇，全区面积约有2万公顷，是灰枣的原产地。

20世纪60年代起，河南省西华县将灰枣作为强县富民、防风固沙的主导产业，给予大力支持，使灰枣产业有了长足的发展，到90年代，已发展灰枣4 600多公顷，成为一个新兴的红枣产区，曾打出“试问天下红枣(灰枣)，唯有西华最好”的牌子。

20世纪70年代，新疆维吾尔自治区阿克苏地区、新疆建设兵团、甘肃省部分县(市)纷纷来灰枣原产地引种、试种，尤其是新疆的南疆利用得天独厚的自然条件优势，各地区纷纷将灰枣作为主栽品种进行大力推进，年发展6 600公顷以上，1 000多万株，约占全疆年发展红枣的35%，成为我国最大的灰枣生产基地。特别是近5年，随着我国西部开发、退耕还林、农业产业结构调整等战略逐步深入的实施，新郑灰枣也迎来了大发展的“黄金时期”。南疆各地区纷纷将灰枣产业作为改良生态、兴县富民的突破口和切入点给予大力扶持，仅阿克苏地区就计划在5年之内要新发展150

万公顷,其中灰枣的栽培面积占70%左右。巴音郭楞蒙古自治州的若羌县,2001年确定实施灰枣产业发展战略,打造全国最优制干红枣基地,经过近7年的不懈努力,全县灰枣种植总面积达6 600多公顷,1 000多万株。

目前,新疆、甘肃、宁夏、内蒙古、辽宁、安徽、湖北、四川、重庆、山西、陕西等省、市、自治区的有关地区均有一定规模的灰枣栽培。从引种栽培的情况看,灰枣的栽培形式主要有4种:第一种是传统的栽培模式——枣粮间作;第二种是结合退耕还林、农业结构调整、适应市场需要的现代枣栽培模式——矮化密植;第三种是山区利用野酸枣就地嫁接灰枣,作为四旁绿化和经济林栽培;第四种是各地农户在房前屋后的零星栽植和道路两旁栽植作为行道树。前2种栽培模式在当前栽培中占主导地位,占栽培总面积的90%以上。

在管理上,各枣区管理水平高低不一,新郑枣区依托新郑市枣树科学研究所的技术优势,在灰枣管理技术方面处于全国领先地位,严格按照标准化管理技术规程生产管理,2002年新郑灰枣通过国家绿色食品发展中心认证,被认定为绿色食品。在新疆地区,灰枣虽然在栽培面积上已超过河南省新郑地区,但在管理技术上远远落后。不过,新疆地区依据独特的自然条件,新疆灰枣无论在结果性,还是在品质等方面均优于原产地。而在其他零星产区灰枣在管理上多参考其他枣品种的管理,管理水平相对落后。

在灰枣分级包装与加工方面,呈现两极分化状态。在主产区部分枣农已认识到分级包装对销售价格的影响,已自发形成了人工分级销售。枣加工企业更是注重产品的包装,精美礼品盒和个性化包装已成为时尚。

在加工方面,特级灰枣和一、二级灰枣多不用来深加工,主要以小包装的原枣销售,而灰枣深加工多用的是次枣和浆枣。在灰枣原产地河南省新郑地区,从事枣加工的企业80余家,开发了灰枣加工品12大系列80多个品种。在新疆地区从事枣加工的企业相对较少，且很少从事灰枣的深加工，多以销售原枣为主。

在市场销售方面，河南省新郑地区是全国灰枣销售的集散地，全国大部分灰枣在上市旺季，由新郑地区枣加工企业和枣经纪人收购，当年灰枣的销售量约占总产量的60%以上，春节前后又是一个销售高峰期，到翌年4月份剩余灰枣仅10%左右，端午节前后将销售一空。鲜枣（鲜灰枣）销售占总产量的9.2%，干灰枣销售占总产量的77.4%，深加工原料占总产量的13.4%。从销售渠道上看，鲜灰枣的销售大多借助枣文化节、枣乡风情游等活动销售，小部分销到当地或周边城市，干灰枣主要通过枣加工企业和枣经纪人销售到全国各大、中城市，约占干灰枣总产量的60.2%，枣农在红枣市场零售自销约占干灰枣总产量的20%，企业加工原料约占干灰枣总产量的10%，出口原枣到东南亚各国的不足10%。

从销售价格上看，灰枣市场年年供不应求，价格也年年上扬，居高不下。灰枣销售价格在全国居较高水平，远远高于其他品种，与粮食和其他水果相比，效益十分可观，原枣价格是苹果、橘子价格的数倍，是粮食价格的近十几倍，但与灰枣本身价值还有一定差距，还有一定的升值空间。

三、灰枣的发展前景

灰枣是我国优良的制干、鲜食兼用品种，它不仅适应性广、抗逆性强，而且具有较高的经济、生态价值和医疗保健作用。随着我国加入WTO、农业产业结构调整、退耕还林（草）工程、西部大开发等战略的深入实施，灰枣以其特有的特点成为山、沙、旱、盐碱地区改良生态环境、保持水土流失、群众脱贫致富的首选树种。全国各地尤其是我国西部和西北部干旱地区纷纷将发展灰枣作为解决“三农”问题的切入点和突破口。此外，灰枣又是我国传统的出口的果品，在历史上就有“唯有新郑红枣（灰枣）能过江”之说。灰枣具有过江不返潮，受压不变形，耐贮运等特点，是目前我国发展速度最快、发展前景最广阔的枣树品种之一。

(一)灰枣的发展完全符合市场的需求 我国加入世界贸易组织意味着包括枣产品在内的大多数商品的出口门槛将大大降低，农产品的国际贸易更为自由，出口效益进一步提高，红枣又是我国特有的经济果品，其他国家极少栽培，几乎全部从我国进口。我国是世界上最大的枣生产国和唯一的枣产品出口国。枣作为我国特产，加之营养丰富，食疗价值极高，在外贸出口方面有望迎来前所未有的黄金时期。同时随着人们生活水平的提高和对红枣医疗保健作用的不断挖掘，灰枣作为枣中极品、滋补保健品，已深入人心，越来越受到人们的青睐，枣果及其加工品在国内也有十分广阔的开发空间。

(二)灰枣的发展是农业产业结构调整的需要 目前，我国进行大规模的农业产业结构调整，就是要大力发展畜牧业、加强果菜业、稳定粮食生产。在果品中则要强调大力发展特色果品和小杂果，而枣作为一种适应性强、栽培易管理、效益比较高、市场前景好的果品，其发展不仅符合国家农业产业结构调整政策，而且深受群众欢迎。灰枣作为枣中"珍品"，市场上供不应求，价格居高不下，价格远远高于其他品种干制枣，与粮食和其他水果相比，效益更是可观。因此，灰枣是我国受枣农欢迎的枣品种之一，具有广阔的发展前景。

(三)灰枣的发展是西部大开发的需求 改善生态环境是西部大开发的战略重点之一。然而，西部地区经济落后的现状，又决定了西部大开发必须走经济与生态效益兼顾的道路。灰枣抗逆性强、管理容易、抗风沙能力强，是"一种多收"的铁杆庄稼，不仅具有较高的经济价值，而且有良好的生态效益；灰枣又是优良的制干、鲜食兼用品种，耐干旱、耐瘠薄能力较强，非常适合西部地区的发展。西部地区宜枣荒地资源非常丰富，发展灰枣可兼收良好的生态和经济效益，实现国家战略和农民目标的统一。由此可见，西部大开发战略的深入实施，必将进一步推动灰枣产业的发展。

第二章　灰枣的品种特性及物候期

第一节　灰枣的品种特性

一、根

灰枣，又名新郑大枣。根系发达，水平延伸大于垂直生长。据观察，灰枣成龄树根幅为 11～15 米，少有 18～20 米，根系主要分布在地下 15～100 厘米的土层中，多集中于 32～48 厘米的土层。一般垂直向下的根深达 3.5 米，少有 5 米，在个别地方的老树根系，也有深达 8 米的。由于灰枣的须根较多，能更好地吸收土壤中的水分与养料，所以其较为耐旱，发育也旺。

二、枝　干

灰枣树为落叶乔木，树体中等大，树姿开张。自然生长的灰枣树，树冠多呈自然圆头形，树高 6.5 米左右，冠径 6 米左右，树干高度因栽培条件不同而有很大差异。枣粮兼作型枣园的灰枣树，干高一般在 1～1.4 米，矮化密植型枣园的灰枣树，干高一般在0.4～0.6 米。树干灰褐色，皮条状纵裂，不易剥落。树干木质坚硬，木栓层为肉红色，韧皮部为乳白色，边材土黄色，心材赤褐色。

灰枣树树势中等，枝叶较密，骨干枝由主枝和侧枝组成，形成灰枣树树冠的骨架。主枝的多少因整形方法不同而有较大差异。如：主干疏层形的主枝有 6～9 个，分 3 层排列；自然开心形有主枝 2～4 个，错落有序地排列，每个主枝有 1～3 个侧枝向四周自然生长。密植枣园的灰枣树一般主枝不配置侧枝，而其他栽培形式的灰枣树每个主枝上一般配备1～3个侧枝。侧枝由主枝中下部的枝条发育而成，再由侧枝发育出结果枝组及结果枝。

灰枣的枣头，又叫一次枝和发育枝，俗称“明条”(图2-1)，是构成树冠的基础。刚抽出时呈绿色，随着枝条的生长，表皮由绿色转褐色，进而呈红褐色。枣头生长发育旺盛，由主芽萌发而成，一次枝为螺旋式折线延伸。每相邻的3节构成1环；二次枝为弧形折线延伸。枣头一次枝长65～95厘米，基部粗0.7～1.2厘米，着生二次枝8～10个，基部的1～3个常为脱落性的(在栽培管理上，枣头留基部的脱落性枝重度摘心，可使其脱落性枝木质化变成不脱落枝，促其坐果)，中上部的二次枝为永久性枝。

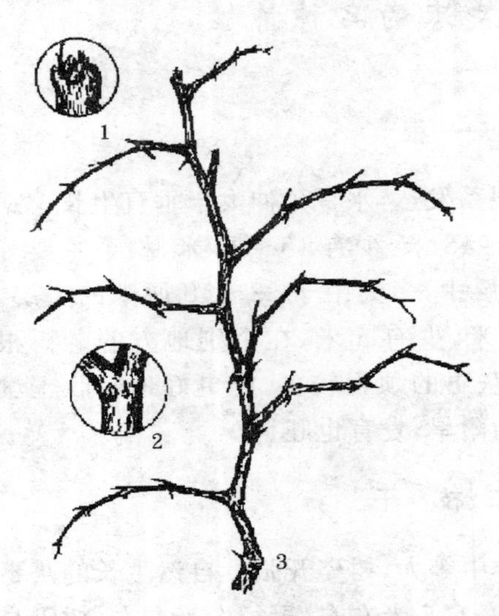

图2-1 枣头和主芽形态

1. 枣头顶芽主芽 2. 枣头枝腋间主芽
3. 枣头萌发处

灰枣枣头多在4月下旬至5月上旬萌发，5月中旬由绿色渐变棕褐色，6月中旬停止生长。由隐芽或不定芽萌发的发育枝，多具有明显的徒长性，当年生一次枝长可达90～110厘米，6月下旬停止生长，比正常发育枝晚停止生长10天。纤弱发育枝5月底即停止生长，在生产管理上，摘心时应及时将其疏除，以减少养分消耗。在当年生枝条上着生有针刺，呈钩状，针尖向下呈弧形，一般长0.4～0.7厘米，随着树龄的增长，针刺慢慢退化。

灰枣二次枝呈“之”字形弯曲生长，立地条件好、树势强的灰枣树，二次枝的生长势也强，节数相对也多。一般一个枣头上着生二次枝 8～10 个，节数为 5～8 节不等。二次枝一般不形成顶芽，生长势逐年转弱，并缩短回抽。

枣头一次枝上的叶腋间有主、副芽各 1 个，紧靠叶腋的主芽为隐芽，在一般情况下不萌发；副芽位于主芽右上方，在灰枣的生长发育过程中，除基部数芽发育成脱落性二次枝外，中上部副芽当年萌发生成永久性二次枝，二次枝上的副芽又进一步萌发形成枣吊。二次枝上的每一个拐点又都有一个主芽和副芽，这个部位的主芽当年也不萌发，翌年形成枣股（俗称“枣妈头”）；而副芽当年萌发，生长成一个结果枝，即枣吊。枣股上顶生的主芽一般不萌发，大多潜伏而成隐芽，枣股上的副芽萌发每年抽生多个枣吊，枣股每年抽生出的枣吊是灰枣开花结果的基础部位。

枣股又叫结果母枝（图 2-2），其形状随年龄的增长而变化。1 年生较小近长方形，3 年生扁圆形，5 年生圆球形，10 年生钝圆锥形；枣股主要着生在二次枝上，每 1 节着生 1 个，每个枣股每年抽生 3～5 个枣吊；枣股的寿命，因着生部位而异，一般 10～20 年，其结果能力与其所在部位及栽培管理措施关系较大，一般 3～5 年生的枣股结果能力最强，产量最高。

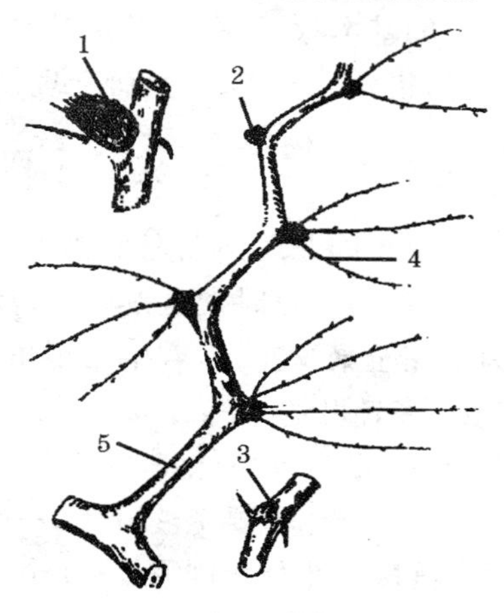

图 2-2　枣股的形态

1. 老年枣股　2. 中年枣股
3. 一年生枣股　4. 枣吊（落叶后）
5. 永久性二次枝

枣吊又称脱落性枝、结果枝，多数在枣股上呈螺旋状排列，当年开花结果，当年脱落。盛果期灰枣树的枣吊，长 13～

22.5 厘米，粗 0.13 厘米，着生叶 10～18 片，结果 1～3 个，少有 5～6 个，也有无果的空吊，枣果一般着生在2～6 节上，占着果数的 75％以上。在生产管理上，常采取枣头重摘心，促使枣头下部枣吊木质化或半木质化，以提高灰枣坐果率。

三、叶

灰枣叶片属完全叶类型，由叶片、叶柄和托叶 3 部分组成，呈长卵形。正面浓绿色有光泽；背面灰绿色，中等厚，两侧略向上褶翘。叶长 4.2～5.4 厘米，叶宽 2～2.6 厘米，叶尖渐尖，先端钝圆。叶基光而偏斜；叶缘锯齿或钝锯齿状。3 主脉明显，中脉两面突起；叶柄黄绿色，短而扁。托叶 2 片，多为剑形，在生长过程中由绿色变褐色，早期脱落，留下托叶痕。叶片于 11 月 10～25 日，旬气温8℃～10℃时落叶；叶片的多少、大小、颜色深浅能反映树体生长发育的基本状况，在生产管理上，可通过田间观察和诊断叶片生长状况，指导、调整灰枣生产管理技术。

四、花

灰枣的花属两性完全花。花量多。花蕾扁圆形，花径 5.5 毫米左右，初开花时蜜盘橙黄色，富有蜜液。属昼开型虫媒花。花朵为不完全聚伞花序，着生在枣吊的叶腋处，一般每个花序开花 6～8 朵，多者可达 14 朵。灰枣的花芽具有当年分化、当年开花、多次分化、分化期短、分化速度快等特点。灰枣单花分化需要 6～8 天，1 个花序分化需要 7～20 天，一个枣吊上的花分化需 1 个月左右，1 个植株的花分化则需 2～3 个月。灰枣的花期较长，一般 35 天左右，始花期开放的花约占总花数的 25％，盛花期开放的花占总花数的 50％，终花期开放的花占总花数的 25％。灰枣花的开放以幼树最早，衰老树最晚，二者可相差 8～10 天。在同一株树上，多年生枣股上的花最先开放，当年生发育枝上的花最后开放。灰枣花量大，落花也严重，落花率达91.9%，因此，灰枣的保花保果及提高枣的坐果率，是灰枣综合丰产的关键技术。

五、枣　果

灰枣的果实由果皮、果肉、种子组成。果实长倒卵形，胴部上部稍细、略歪斜；纵径3.2～3.4厘米，横径2.1～2.3厘米，果实大小相对整齐，平均单果重11.3克，最大果重18.3克。果肩圆斜较细，略耸起，梗洼较小，中等深；果顶广圆，顶点微凹，果面较平整。果皮在幼果时为绿色，白熟期前由绿色变灰色，进入白熟期由灰色变白色，着色时从梗洼开始，逐渐向下扩展，成熟时果皮橙红色，果点较小、不明显，密度中等。果肉在幼果时呈绿色，成熟时呈蛋青色，质地致密、较脆、汁中等，含可溶性固形物30%左右，可食率97.3%，适宜鲜食、制干、加工，品质极佳。制干率50%左右；干枣果肉呈棕黄色，果肉致密、有弹性、受压后易复原、耐贮运。果核较小、呈纺锤形、略歪斜、纵径1.8厘米左右、横径0.5厘米左右，平均核重0.31克，多数果核内种子发育不良，含仁率4%～5%，核纹较浅，纵条形。

第二节　灰枣品系中的优良品种

一、新郑红1号

又名长灰枣。是河南省新郑市枣树科学研究所从灰枣品系中选出的优良单株培育而成的，2007年通过河南省林木品种审定委员会审定。

树冠自然圆形；树姿开张，树势强旺。干皮灰褐色，皮面粗糙，呈条状纵裂。枣头红褐色，皮孔中大，圆形。针刺不发达、极少，多年后逐渐脱落。二次枝弯曲度不大，节间长9.45厘米左右。枣股圆柱形，每股抽生枣吊 3～5 个，枣吊长 11.2～27.4 厘米，着生叶片7～20 片。吊果比 1∶0.68。叶片长卵形，绿色带黄色，平均叶面积 11.2 平方厘米；叶尖渐尖，叶基近圆形，叶缘锯齿不整齐。花量大，花蕾扁圆形，每序开花 6～15 朵，属昼开型。

果实长锥形，一般纵径 4.17 厘米左右，横径 2.2 厘米左右，平均单鲜果重 12.3 克，最大果重 20.8 克，果顶平圆，梗洼大而深。果皮紫红色，果点小、不明显，果肉厚、色绿白、汁多、质脆松。制干率 51.2%，干果可食部分占 96.2%。核重 0.47 克，纺锤形或长椭圆形，核纹较浅，极个别核内有种仁。

萌芽力和成枝力较强，结果龄期较早，幼树定植 2～3 年进入经济结果期，4～5 年进入盛果期。在新郑枣区，4 月中旬萌芽，5 月下旬开花，9 月中旬成熟，果实生长期 100 天左右。

该品种抗逆性、适应性强，抗干旱、抗盐碱、耐瘠薄，在一般枣树生长的地区均能正常生长结果，早期结果性较好，丰产、稳产，且无大小年结果现象。

二、新郑红 2 号

又名平头灰。是河南省新郑市枣树科学研究所从灰枣品系中选出的优良单株培育而成的，2007 年通过河南省林木品种审定委员会审定。

植株生长健壮，树姿半开张，树势中强。干皮灰褐色，皮面粗糙，呈条状纵裂。枣头红褐色，皮孔中大，椭圆形；针刺较发达。二次枝弯曲度不大，节间长约 6.45 厘米。枣股圆柱形，平均每股抽生 3～4 个枣吊，枣吊平均长 18.1 厘米，每吊着生叶片 8～19 片。吊果比 1∶0.75。叶片长卵形，绿色，平均叶面积 9.25 平方厘米，叶尖渐尖，先端尖圆；叶基近圆形，叶缘锯齿较浅，齿距较大。花量大；花蕾扁圆形，每序开花 4～14 朵；雌蕊柱头 2 裂，位于花盘中央，淡绿色，雄蕊 5 枚，花盘黄色，富蜜液，属昼开型。

果实圆柱形，果个较大，纵径3.11厘米左右，横径2.55厘米左右，平均单鲜果重12.6克，最大果重21.5克。果顶广圆，梗洼小、中等深。果皮深红色，果点小、不明显。果肉厚、绿白色，肉质致密，汁中多，味甜；制干后果肉密，含香味，有弹性，受压后易复原，耐贮运。制干率51.5%，可食率96.3%。核正纺锤形，平均核重0.45克，核纹较浅，部分有种仁。

结果龄期较早，幼树定植2～3年开始结果，4～5年进入盛果期。在新郑枣区，4月中旬萌芽，5月下旬开花，9月中旬成熟，果实生长期100天左右。

该品种适应性强，耐干旱，抗性强，树体健壮，好管理，成形快，结果早，丰产，稳产，产量高。果个大，整齐度好，商品果率高，品质极佳，是优良的鲜食、制干兼用品种。

三、新郑红3号

又名大灰枣。是河南省新郑市枣树科学研究所从灰枣品系中选出的优良单株培育而成的。

植株生长健壮，树冠开心形。干皮灰褐色，皮面粗糙。枣头红褐色，皮孔中大，椭圆形；针刺较不发达，少或退化。枣股圆柱形，每股抽生3～5个枣吊，枣吊长约22.6厘米，每吊着生叶片9～21片。吊果比为1∶0.61。叶片长椭圆形或长卵形，长约5.31厘米、宽约2.4厘米，平均叶面积10.58平方厘米。叶色淡绿，叶脉三出，主脉粗，两侧脉长为主脉的2/3。叶基近圆形，先端钝尖，叶缘有不整齐的粗锯齿。花量大；花蕾扁圆形，每序开花5～14朵，属昼开型。

果实长圆形，比普通灰枣大，一般纵径约4.3厘米，横径约3.2厘米，平均单鲜果重13.2克。梗洼深。果皮褐红色，果肉厚、色绿白、质细松、汁中多、味稍淡。制干率52.4%，可食率96.06%。核纺锤形，先端钝尖，少部分核内有种仁。

适应性广，抗逆性强，结果早，果个大，整齐，商品价值高，经济效益好。在新郑枣区，4 月中旬萌芽，5 月下旬开花，9 月中旬成熟，果实生长期 100 天左右。

该品种对土壤、气候的适应性均强，耐干旱和瘠薄，耐盐碱。在山、沙、旱、碱等地均能较好地生长结果。丰产、稳产，特级果率极高，品质极好。适宜大面积推广。

四、新郑红 4 号

又名结不俗。是河南省新郑市枣树科学研究所从灰枣品系中选出的优良单株培育而成的。

树体中等，树姿半开张，树冠圆锥形。干皮灰褐色，裂纹深。枣头红褐色；皮孔椭圆形，分布稀疏；针刺少。枣股圆柱形。枣吊平均长 17.2 厘米，每吊平均着生叶片 12 片。叶片阔卵形，黄绿色，叶薄，平均叶面积 15.1 平方厘米；叶尖渐尖，叶基圆形，叶缘有整齐锯齿。花量多；花蕾扁圆形，每序开花 5～10 朵，属昼开型。

果实倒卵形，一般纵径约 3.03 厘米，横径约 2.7 厘米，平均单鲜果重 8.97 克。果肩窄圆，梗洼较深，果顶齐有微凹，果面红褐色，有明显的淡黄色椭圆形果点。果肉白色、致密、汁较多、味酸甜。制干率 52％，可食率 96.1％。核重约 0.35 克，纺锤形或长卵形，基部钝尖，顶端突尖，部分核内有种仁。

该品种适应性较好，抗逆性强，较抗病，对土壤条件要求不严。结果龄期早，产量高而稳定，极丰产，无大小年现象。在新郑枣区，9 月上中旬成熟采收。果实生长期 90 天左右。适合在全国各地枣区发展。

第三节　灰枣的物候期及龄期

一、灰枣的物候期

灰枣在不同的地区其物候期有明显的区别。灰枣在原产地，一般4月上中旬气温达11℃～14℃时萌芽，4月20日前后展叶，4月下旬现蕾，5月中旬旬气温22.7℃时始花，5月下旬至6月上旬旬气温24℃～25℃时进入盛花期。果实生长期100天左右，5月下旬至6月上旬为枣果缓慢生长期，6月上旬至6月中下旬为枣果纵径快速生长期，6月中下旬至7月为枣核形成期，7月上旬至9月上旬为果肉快速生长期，9月中旬时果实成熟，10月中旬旬气温14.8℃时落叶，10月下旬至11月上旬旬气温11℃～13.2℃时落枝。

二、灰枣树的龄期

灰枣在自然生长条件下，一生可分为5个时期。

(一)生长期　又叫营养生长期。此期以营养生长为主，主干发育优势明显，枣头多呈单轴延伸生长，主枝层次分明，斜生，离心生长旺盛；根系发育旺盛，水平延伸为主；虽能开花，但结果较小。灰枣生长期因栽植苗木种类、栽植密度、管理水平的不同而有明显差异：嫁接苗栽植生长期2～3年，归圃苗栽植生长期8～10年，枣粮间作园生长期7～8年，矮化密植园生长期3～4年。在生产管理上此期重点是培养骨干枝，促进树冠形成，不提倡结果。

(二)生长结果期　又叫经济结果期。此期营养生长在初期仍占主导地位，此时主枝大量分生侧枝，侧枝上形成结果枝组，树冠不扩大，树体骨架基本形成，并逐渐由营养生长转为生殖生长，是边生长边结果时期，但产量不高。此期一般持续3～8年不等，矮化密植枣园此期较短需 2～4 年。在生产管理上要求做到：冬剪夏管相结合，短截长放相结合，生长结果相结合。即一方面要求进一步培养树冠，达到树型要求；另一方面采取措施，促进结果，提高效益。

（三）结果期 又叫盛果期。此期根系和树冠已完全形成，基本达到最大限度。骨干枝停止生长，结果枝组和果枝数量大，有效枣股一直处于高峰期，营养生长变慢，结果量迅速增加，产量达到最高峰，后期出现向心更新枣头。结果期是灰枣大量结果、效益最佳时期，此期一般枣粮间作或单株枣树可持续 50 年以上，矮化密植可以维持 15～20 年。在生产管理上应采取各种措施，维持营养生长与生殖生长的平衡，最大限度地延长结果年限。

（四）结果更新期 此期树冠逐渐缩小，主枝弯曲下垂，甚至有的主枝先端枯死，出现自然回缩现象；全树内膛空虚，结果部位外移，结实力开始下降，产量降低；有的主枝隐芽和不定芽萌发出徒长性枣头。此期，一般枣粮间作或单株枣树可持续 80～100 年，矮化密植枣园可持续 8～10 年。在生产管理上，要合理更新骨干枝，科学培养结果枝，尽可能地提高红枣产量。

（五）衰老期 进入衰老期的灰枣树，树势衰弱，树体残缺不全，树冠根系大量回缩，主干或主枝上部分出现树洞，主枝断裂枯死等；树体弱，萌芽晚，枣吊短，花量小，结果少，品质差，易感病，多畸形。灰枣树一般在 100～150 年进入衰老期，在生产上要加强水肥管理，增强树势，有计划地进行树冠更新或全株更新。

第三章　灰枣适宜的环境条件

第一节　灰枣原产地的自然条件

灰枣原产于河南省新郑一带，是新郑枣区的主栽品种。主要分布在河南省新郑市的孟庄镇、薛店镇、和庄镇、郭店镇、八千镇、龙湖镇、新村镇、龙王乡八个乡（镇）和中牟县的张庄、谢庄及郑州市郊区一带。地理位置是北纬 34°18′～34°40′、东经 113°30′～113°52′。气候属于暖温带半干旱半湿润的大陆性气候，年平均气温 14.1℃，最冷的 1 月份平均气温在 0℃左右，平均最低气温－4.8℃，极端最低气温－13.8℃；一年中 7 月份最热，平均气温 27.3℃，极端最高气温 42.4℃。

无霜期平均 205 天，最长达 219 天，最短 180 天。土壤结冻期不长，一般结冻初期在 12 月下旬，终结期在 2 月中下旬。日照总时数为 2 373.2 小时。大于 3℃的积温为 5 166℃，大于 5℃的积温为 5 038℃，10℃以上的有效积温 4 589.4℃。年平均降水量为 713.8 厘米，变幅较大，最大年降水量达 1 174 毫米；最小降水量为 449.4 毫米；降水量在一年中分布不均：冬季降水量只有 33.6 毫米，夏季 6～8 月份降水量多达 385.2 毫米，占全年降水量的 53%；年蒸发量为 1 857.5 毫米，为降水量的 2.6 倍，一年中以 6 月份蒸发量为最大，平均 318.2 毫米。降水量与蒸发量的差值一年内以 6 月份最大，平均差值为 240.4 毫米，春季气候干旱，夏季炎热多雨，秋季凉爽，冬季寒冷，四季分明，光照充足。

河南省新郑枣主产区的土壤类型，以沙土和砂壤土为主，土壤的 pH 值 6.7～8.3。

第二节　灰枣对环境条件的要求

一、温　度

灰枣树是喜温品种，其生长发育需要较高的温度。一般在春季日气温13℃～14℃时开始萌芽，17℃～19℃时进行抽枝和花芽分化，20℃左右进入始花期，22℃～25℃进入盛花期；日气温22℃～24℃时授粉受精最好，低于22℃花粉萌发率下降一半；气温25℃～27℃适合果肉生长、种子发育；日气温19℃～21℃时，昼夜温差大，有助于糖分积累；当气温14℃时落叶进入休眠期。

灰枣树根系在地温7.3℃～20℃时开始生长，20℃～25℃时生长旺盛，土温降至21℃时生长缓慢，20℃以下则停止生长。灰枣树在休眠期对低温的适应性强，在－32℃以上的低温地区也能安全越冬。2004年冬至2005年春，新疆维吾尔自治区巴音郭楞蒙古自治州、阿克苏地区等地，长时间的积雪使雪面昼夜冻融交替频繁，导致大多数苗木和2～3年生的冬枣树成片死亡，而灰枣却安然无恙。由此可见，灰枣的抗冻能力比冬枣强。

二、湿　度

枣树对多雨湿润和干燥少雨的气候条件都能适应，抗旱耐涝。如：南方枣区年降水量在1 000毫米以上，北方枣区年降水量多在400～600毫米，甚至在年降水量不足100毫米的甘肃省敦煌和新疆维吾尔自治区的吐鲁番地区、哈密地区、巴音郭楞蒙古自治州、和田地区等地枣树生长得都很好。枣树不同生长期对水分的要求也各不相同。花期干旱、空气湿度过低会严重影响坐果。据观察，空气相对湿度70％～100％时有利于花粉萌发；枣花期遇上干热风，即使气温适宜但由于空气过于干燥，枣花也难坐果；果实发育期持续干旱也会使果实明显变小，果实发育后期至成熟期要求少雨多晴天气，如遇阴雨连绵天气则影响果实生长发育，易引起裂果、烂果，易导致枣锈病、缩果病的流行。

三、光　照

灰枣是喜光品种，在光照条件充足的情况下，植株生长健壮充实，坐果率高。生产实践与研究结果表明：光照强度和日照长短对灰枣的生长发育影响很大。生长在山地阴坡的枣树，由于光照时间短，因而比当地有正常日照时数的灰枣树树势明显偏弱，树冠内光秃现象严重，结果枝量少、生长弱、坐果率低、品质差。

在正常光照条件下，树冠顶部果实由于光照条件好，枣果内干物质的含量较树冠中下部光照条件差的部位高3%～6%。在一定范围内，阳光照射强弱与灰枣树营养生长有着密切的关系。灰枣树透光率在60%以下时，光合产物明显减少，树势明显减弱，枣头、枣吊生长不良，无效枝增多，落花落果严重。随着透光率的增加，各项生长指标均有增长的趋势，尤其以枣吊长度和叶面积最为明显。

针对同一株灰枣树，树冠外围和南面光照好，受光时间长。树内膛与外围相比，叶片小而薄、色浅、花而不实，多成为无效叶或消耗性叶片，久而久之，导致树冠枝叶枯死、内膛空虚、光秃。一般灰枣树外围、顶部结果多，内膛及下部结果少，这就是因为树冠不同部位的枝条受光照强度不同造成的。栽植过密或树冠郁闭的枣园，枣树发枝弱、结果少、品质差，因此在生产上应注意合理密植和对树体结构的培养。

四、风

灰枣树抗风沙能力较强。在风蚀沙区埋土或露根的枣树也能正常生长。灰枣树的原产地河南省新郑地区就是重风沙地区。而新疆维吾尔自治区巴州若羌县是一个新兴的灰枣树产区，在春季3～5月份，3～5级风天天刮，6～8级风周周刮，8～10级风月月刮，而灰枣无论是在结果性能上还是品质表现上均优于原产地。新郑灰枣在古代也是作为防风固沙树种发展起来的，虽然枣树抗风沙能力强，但是风沙对枣树的生长发育也有较大影响。如：花期风沙大，既影响枣园湿度，又影响传粉昆虫的活动，使花授粉受精不良，从而导致落花落果；果实成熟前大风也常常导致成熟前落果而减产。

五、土　壤

灰枣对土壤条件要求不严，无论是沙质土、黏质土、山地、平原、盐碱地都宜栽培。虽然灰枣对土壤类型没有严格要求，但是一个相对较好的土壤类型对于灰枣的生长发育仍十分重要。灰枣在不同类型的土壤上生长发育情况也不一样：同一树龄的成年结果树，以在土壤质地为上松下紧的蒙金土或沙区土壤上生长健壮，发育良好，产量和质量高，丰产稳产。而生长在沙地和黏质土壤上的枣树就相对差得很多。

灰枣抗盐碱的能力强，对土壤pH值适应性广，在pH值5.5～8.5的范围内均能正常生长。研究表明，灰枣在地表20厘米内全盐含量为1%左右的土壤上，灰枣生长发育受到严重影响，新栽苗木成活率低，树势弱，新梢枝条少且有死亡现象。在地表20厘米以内全盐含量达0.3%左右的土壤上，新栽苗木成活率高，树势旺。灰枣在0～20厘米、0～60厘米、0～100厘米以内的3种土壤上耐盐临界安全值分别为＜0.75%、＜0.40%和＜0.20%。

第三节　灰枣最适宜栽培区

灰枣原产于河南省新郑、中牟、郑州市郊区一带，自20世纪

70 年代引入新疆地区后，无论是结果性还是枣果品质都远远优于原产地，其原因主要得益于得天独厚的温度、光照、光热资源等因子。一般 4～10 月份生产干枣积温必须在 3 700℃以上，优质枣产区必须在4 200℃以上；日照累积时数要求 1 500 小时以上，生产优质干枣要求 1700 小时以上。新疆地区无论是积温还是日照累计时数均达到生产优质干灰枣的上限，是我国优质干灰枣的生产基地。

一、温　度

新疆各枣产区的温度状况（表 3-1）极有利于枣树的生长发育。一般枣品种从萌芽到果实成熟所需 ≥ 10℃ 的积温为 3 200℃～3 750℃，而新疆南疆各枣产区正常年份为 3 803.4℃～5 271.4℃，高于所需温度的上限。新疆春季气温回升快，3 月中下旬气温可回升至 9℃ 以上。除哈密地区以外，4 月初已稳定在 10℃以上，升温速度快于山东、河北、山西、陕西、河南等枣主产区，有利于枣树前期生长。内地（沧州市、新郑市、赞皇县等）枣果发育期（6～9 月份）的昼夜温差为 10.1℃～12.6℃。而此期新疆各枣产区昼夜温差为 13.4℃～17.4℃，且越近成熟期昼夜温差越大。若羌县从 6 月份开始昼夜温差逐渐变大，8～10 月中旬是 1 年中昼夜温差最大的时段，昼夜温差达 17.5℃～18.2℃，最大昼夜温差达 27.8℃。昼夜温差在 15℃以上的天数为 81 天，温差 20℃的天数为 39 天。新疆各枣产区 6～9 月份，特别是后期较大的昼夜温差，极有利于干物质和糖分的积累。

表 3-1　新疆与内地部分枣产区的温度状况

产　地	日平均气温≥10℃初日	日平均气温≥10℃持续天数	≥10℃积温(℃)	6～9月份平均日温差(℃)
新疆若羌	4月2日	201	4356.1	17.4
新疆哈密	4月12日	181	4073.4	15.6
新疆阿克苏	4月5日	194	3803.4	14.9
新疆吐鲁番	3月28日	213	5271.4	15.5
新疆和田	4月1日	208	4297.0	13.4
河北赞皇	4月4日	208	4433.7	11.2
河北沧州	4月6日	204	4352.1	10.7
河南新郑	4月3日	216	4748.4	10.2
山东乐陵	4月11日	207	4367.4	10.1

二、光　照

枣树是喜光树种，制干品种一般要求4～9月份累计日照时数在1 200小时以上。而新疆枣区每年4～9月份累计平均日照时数达1 719.6小时，阿克苏地区为1 637.4小时，巴音郭楞蒙古自治州若羌县达1 733.6小时，和田地区1 460.8小时，可充分满足枣树生长发育对光照的需求(见表3-2)。枣果发育期间平均每天日照时数长达10小时以上，且空气透明度高、光照强度大，极有利于枣果的生长发育。

三、光热资源的匹配

在新疆枣区，由于4～9月份日照时数长，加上干旱少雨、空气透明度高，因而年光合有效辐射(可被植物利用的太阳光辐射)高达 273.5～308.51 千焦/平方厘米（表 3-2），而 1 年中气温≥10℃期间的有效辐射达 187.11～211.39 千焦/平方厘米，均为内地所不及。1 年中热量资源最丰富的时段正是光照资源最丰富的时段，光照与热量资源匹配极佳，这是新疆地区气候资源的显著特点。

表 3-2　新疆与内地部分枣产区的光热资源

产　地	年总辐射千焦/平方厘米	光合有效辐射千焦/平方厘米	气温≥10℃期间有效辐射（千焦/平方厘米）	4～9 月份日照时数	4～9 月份日照率（%）
新疆若羌	617.44	308.51	211.39	1733.6	70
新疆哈密	640.88	304.74	200.51	1981.6	74
新疆阿克苏	546.27	273.35	187.11	1637.4	66
新疆吐鲁番	614.09	307.25	210.97	1784.6	66
新疆和田	607.39	303.90	210.97	1460.8	61
河北赞皇				1509.5	60
河北沧州				1699.0	67
河南新郑				1366.2	55
山东乐陵					61

四、湿　度

枣树对水的需求是前期多，后期少，开花坐果期(5 月中旬至 6 月下旬)为需水高峰期和关键期。而南疆大部分地区常年干旱少雨，白天空气相对湿度常小于 50%，有些地区甚至小于 30%。南疆全部为灌溉农业，多采用天山雪水漫灌，不仅增加了空气相对湿度，而且可满足枣树生长结果对土壤水分的需求。

第四章 灰枣种苗的繁育技术

枣树苗木是建立枣园、实现优质丰产栽培的前提和基础，只有栽种优质的灰枣苗木，才能建造成质量较高的灰枣园，达到早实、优质、丰产的目的。灰枣苗木根据培育方法的不同，可分为嫁接苗、归圃苗、扦插苗、组织培养苗等。嫁接苗根据砧木的不同，又分为酸枣嫁接苗和本砧嫁接苗。目前，生产上使用的灰枣苗木，大多是嫁接苗和归圃苗，也有少量的扦插苗，组织培养苗仍处于试验示范阶段，还未应用于生产。

第一节 灰枣嫁接苗的繁育

一、灰枣嫁接砧木的培育

（一）灰枣嫁接砧木的种类及其特点

1. 酸枣砧木苗　酸枣砧木苗就是利用酸枣种仁育成的作嫁接砧木用的实生苗。采用酸枣实生苗作砧木嫁接成的灰枣苗木生长健壮、主根发达、抗逆性好、品种纯度高、栽后结果早、易丰产，但存在栽植时相对成活率低，栽植结果后枣果品质、产量有逐年下降的缺陷。由于利用酸枣种仁培育砧木出苗整齐，繁育容易，成本低，方法简便、好掌握。因此，生产繁育嫁接苗，普遍采用酸枣实生苗作砧木。

2. 根蘖归圃苗砧木　又叫本砧，是利用成龄枣树根系分生生长出来的根蘖苗，通过归圃培育而成的根蘖归圃苗，作为嫁接用砧木。采用归圃苗作砧木嫁接成的灰枣苗木根系发达，移栽时成活率高，栽植结果后能保持灰枣的优良性状，但由于根蘖苗资源有限、收集成本高、投资大、外地调运根蘖归圃育苗成活率低。归圃砧木苗生产上受地域限制。

(二)酸枣种仁的选择与活力鉴定　近几年,随着红枣产业的发展,红枣苗木市场供不应求,嫁接育苗由于繁育速度快、育苗数量大、投入成本低、效益比较高,而成为主要的育苗方法,酸枣种子的市场需求也随之逐年增加,同时带动了酸枣种子加工业,在我国枣主产区涌现出一批专业从事酸枣种子加工的企业。生产育苗中,酸枣种仁已逐渐代替了传统的酸枣种核。同时由于直播酸枣种核发芽率低,需低温沙藏层积处理,育苗程序繁琐,生产上基本不再应用。

1. *酸枣种仁的选择*　培育嫁接砧木苗用的酸枣种子多为机械去核的种仁。种仁质量的好坏直接关系着砧木的出苗率的高低。质量好的种仁纯净无杂质、无破损、种皮新鲜有光泽、籽粒饱满、大小均匀、千粒重大、无霉味、无病虫害;质量不好的种仁发黄皱缩、颜色发暗无光泽、缺乏弹性,受压易碎。

2. *酸枣种仁的活力鉴定*　酸枣种仁的活力鉴定主要是为了探明其发芽率,从而确定适宜的播种量。目前,在生产上常用的鉴定方法有 3 种:直观判定法、发芽试验法、染色鉴定法。

(1)直观判定法　根据酸枣种仁的选择标准和经验,直接观察种子的外部形态,从而判断种仁的活力,推断种子的发芽率。此方法准确率低、误差较大,多适用育苗个体户和小批量购买种子者。

(2)发芽试验法　是生产中最常用的方法。就是随机从种仁间抽取一定量的种子,放在盛沙的花盆内,用塑料布将盆口封严,保持 20℃以上温度,并注意及时补充水分,保持一定的湿度,促其萌发。然后根据实际发芽数量,计算发芽百分率。有条件的可取一定的种仁,放入培养皿内,置于 25℃左右的恒温箱中,使其萌发发芽,并根据种子实际发芽数量,计算发芽百分率,从而判断酸枣种仁的生活力。此法多用于大批量购买种子者,方法简便易行,保险可靠。

(3)染色鉴定法

①蓝胭脂红鉴定法：常用0.1%～0.2%的蓝胭脂红水溶液作为染色剂。染色前，将种子在水中浸泡6～8个小时，取出剥去种皮后，浸于染色液中2～3小时，然后进行观察。若种子全部着色或种胚着色，则表明种子已失去发芽能力；若仅子叶着色，则表明种子部分失去发芽力。而有生命力的种子则全不染色。

②四唑染色法：根据我国《林木种子检验方法》的规定，用氯化三苯基四唑测定种子的生活力。先将供检种子浸水48小时，使其充分吸水，然后剥出种胚，置于器皿中，以0.5%的氯化三苯基四唑浸没种胚，并置于25℃～30℃的恒温箱内，染色24小时后用清水冲洗，以肉眼检查，凡染成红色者为有生命力的种子，没有染色的为失去活力的种子。

(三)酸枣种仁的播前处理

1. 冷水处理　播种前，将种仁放在冷水中浸泡24小时，使其充分吸水，中间换水1次，并用木棍或手进行搅拌，去掉浮在水面上的不饱满的种仁，取出沉于水底的饱满的种仁即可播种。

2. 温水处理　播种时，先将种仁放入60℃～70℃的热水中浸泡12个小时，然后换冷水再浸泡12个小时，并进行搅拌，去除杂质和不饱满的种仁，取出沉于水底的饱满的种仁，晾干后即可播种。

(四)苗圃地的选择　苗圃地应选择地势平坦、土层深厚、土壤肥沃、光照充足、有灌溉条件、排水良好的中性或微碱性砂壤土或壤土地块，不宜选重盐碱地、黏土地和低洼湿地。用黏土地育苗，苗木根系发育不好。苗圃地不宜重茬，育过苗的土地，需隔1～2年后再重新用以育苗，以减轻病害的发生。

(五)播种育苗　嫁接砧木苗多于春季枣树萌芽前后进行播种，即4月中旬至5月上旬。在新郑枣区，土壤肥沃的圃地也可在收麦后播种(6 月上旬)，砧木也可达到嫁接要求。播种前，圃地要先浇透水，待土壤稍干后，耕耙做畦。人工点播法要求：畦宽 100 厘米，采用宽、窄行形式播种，宽行 40～50 厘米，窄行 20～25 厘米；用锄开沟，沟深 3～4 厘米，种间距离为 3～4 厘米；播种量以每 667 平方米 1.5～2 千克为宜；播种深度以埋住种仁为宜，一般深度为 1.5～2 厘米；覆土后，用脚顺行踩压，使种子与土壤接触紧密；然后覆盖地膜，以利于增温保墒；注意用土将地膜压牢，防止刮风破损。耧播法要求：畦宽 1.4～1.6 米，用二腿耧等行距播种，每畦 4 行，每 667 平方米播种量为 2.5～3 千克；播后覆膜。机播机穴播法要求：整地后，用新型的棉花播种机进行酸枣种仁播种；动力为 11～13.2 千瓦(15～18 马力)的农用拖拉机，调节株行距和播种量，使窄行距为 15 厘米 ，宽行距为 40 厘米，垄宽 60 厘米，株距 8～10 厘米，播种量为每 667 平方米 2.5～3 千克，播深 5～6 厘米，每 667 平方米播穴数约 2 万个，每穴种子数 2～6 粒；所用薄膜宽度为 140 厘米，单垄作业 4 行，单机日播种面积 2.5～3.5 公顷，机械播种酸枣种子把播种、覆地膜、压膜、打孔、穴孔覆土等工序 1 次完成，大大减轻了育苗的劳动强度。

在新发展的枣区，可以采用以育代植的方法培育砧木，建造枣林。即把种仁直接播种到定植行内。在整好地的定植行内开沟，按规划的株行距点播种仁或顺行直播。点播时每个点播种 3～4 粒种子，出苗后，选其中生长势好的保留 1～2 株加以培养，而将其余苗间除。以播代植法节约种子、节省投资、不用移植、不伤根系、没有缓苗期、苗木生长快，在新疆值得大面积推广。

(六)砧木苗的管理

1. *破膜放苗*　点播和耧播的砧木苗，播种后 10 天左右开始出苗，每天都要及时破膜放苗，以免烧死幼苗，待 15 天左右，当种仁出芽率达 80%以上时，可以把整个覆膜揭掉，也有的不揭地膜，而是在行间地膜上撒一层碎土，以利于抑制杂草。

2. 防治杂草　播种前喷施芽前除草剂，播种后可结合中耕进行人工除草或化学除草。

3. 间苗补苗　当苗高约5厘米时，要及时间苗，株间距保留3～4厘米；当苗高约10厘米时定苗，株间距保留5～10厘米，每点保留1株壮苗，剔除其余幼苗。若长距离缺苗，可就近将间除的壮苗，带土坨移栽补苗，要及时浇补苗水，并采取遮阴措施，以保证移栽苗的成活。

4. 幼苗断根　当砧木苗长到20厘米左右时，用利铲从幼苗一侧距苗木基部10厘米处向下斜插，切断地面下12～15厘米处的直根，促进侧根萌发。

5. 施肥浇水　当砧木苗长到15～20厘米时(7月中旬)开始追肥。在砧木苗的整个生长期，一般追肥2～3次，每次每667平方米追施尿素15～20千克，间隔10～15天追施1次。同时也可进行叶面喷肥，一般6月份和7月份各喷1次0.4%的尿素，8月份喷施1次0.3%的尿素与磷酸二氢钾的混合液。此外，在砧木苗生长期，根据苗圃墒情及时浇水，浇水要与追肥相结合。在土壤封冻前浇1次越冬水。

6. 摘心　当苗高30～40厘米时，可结合中耕除草，清除砧木苗基部的分枝；待苗高40～50厘米时，要及时对砧木苗进行摘心，以促进砧木苗的加粗生长。

7. 其他管理　在砧木苗生长期，要注意病虫、兔害的防治。病虫害主要有枣锈病和红蜘蛛，新疆枣区苗圃要加强苗木的越冬管理，以防苗木发生冻害。

二、接穗的采集、处理与贮藏

(一)接穗的采集　灰枣接穗要在生长健壮、无枣疯病的植株上的1～2年生枣头中上部的生长充实、芽眼饱满的枝条上采集。如果穗源充足，可全部选用枣头一次枝作接穗，如果穗源不充足，也可选择生长充实的二次枝作接穗。枝接所用接穗，在灰枣落叶后至发芽前整个休眠期均可采集。但是由于萌芽前采集的接穗含水量高，保存时间短，嫁接成活率高，因此，在接穗用量不大时，接穗以灰枣萌芽前采集为最佳。如果接穗用量大，采集时间可适当提前。在生产实践中，接穗的采集多结合枣树修剪进行，也有的从苗木定干部位以上采集。

接穗枝条采集后要及时进行剪截，不宜在露天久放，以防蒸发失水。接穗多采用单芽，一般长 4～6 厘米，接穗枝径应在 0.5～1 厘米，在接穗芽眼以上 1 厘米处剪断，剪口要力求平滑，接穗要求边剪边处理，以防脱水，影响成活。

(二)接穗的蜡封处理　接穗的蜡封分为半蜡封和全蜡封 2 种。半蜡封接穗就是用蜡将接穗两端的伤口封住；全蜡封接穗就是用蜡将整个接穗封闭。具体方法是：把石蜡或将石蜡与猪油按 1∶0.05～0.1 的比例放入铁锅或铝锅内加热熔化，使蜡温保持在 100℃～120℃。若蜡温不够，则接穗蜡层厚，不但造成石蜡的浪费，而且在嫁接操作时不便，嫁接后蜡层易脱落；若蜡温过高，则易烫伤接穗，影响成活。半封闭接穗将剪好的接穗捆成小捆，用手拿着依次把接穗的两端放入熔化的石蜡液中速蘸，每次蘸蜡时间不应超过 1 秒钟。全封闭的接穗，首先将接穗均匀地放入木笊篱中，然后在加热熔化的石蜡液里速蘸一下，迅速倒在地上冷却。无论是全封闭接穗还是半封闭接穗，待到完全冷却后，才能装袋存放，一般需冷却 24～48 小时。

(三)接穗的贮存　半封闭接穗的贮存，一般是将接穗与湿沙混匀，放在阴凉处，上面用湿沙盖住，嫁接时随用随取。接穗与湿沙混合贮藏，效果较好，但要掌握好沙的湿度。若湿度不够，接穗易失水干燥；湿度过大，接穗易发生霉烂。

全蜡封的接穗，待冷却后放入透气的编织袋中或放入地窖内贮存备用，一般可保存 2～3 个月。有条件的地方，可放入冷库，效果更好,冷库最适宜温度为 0℃～5℃。

三、酸枣砧木苗的嫁接

(一)嫁接时期 酸枣砧木苗的嫁接时期,从树液开始流动时开始,3 月下旬至 6 月上旬进行,长达 60～70 天。砧木苗的嫁接宜早不宜晚,及早进行嫁接,当年嫁接苗生育期长,苗木生长壮,质量好。嫁接期晚,虽然对成活没有影响,但当年嫁接苗生育期短,木质化程度低,质量差,当年出圃率低。

(二)嫁接方法 酸枣砧木苗的嫁接,在生产上常用的嫁接方法有劈接、插皮接(皮下接)2 种。

1. *劈接* 是嫁接育苗最常用的方法。主要优点是:嫁接时期早,嫁接成活率高,嫁接速度快,嫁接苗生长期长,苗木生长壮,质量好,出圃率高。熟练的嫁接能手,平均 1 天可嫁接 1 000 株以上,多者可达 1 500 株。如果接穗无问题,嫁接成活率可达 90%以上,当年出圃率 80%以上。常用的劈接工具有嫁接刀和修枝剪。近年来,河北省赞皇地区的嫁接人员用修枝剪代替嫁接刀,一把剪刀搞嫁接。

嫁接之前,苗圃地要先浇水,并清除地面的地膜、杂草、枯叶等。将砧木保留 5～7 厘米后剪去砧梢,嫁接砧木要求地径 0.4～1 厘米为宜,以 0.8～1 厘米为最好。地径在 0.4 厘米以下的砧木嫁接部位应下移,多在地面以下根颈部位嫁接。嫁接时,接穗的粗细要与砧木的粗细相适应,粗砧木选用粗接穗,细砧木选用细接穗。嫁接部位应靠近地面,一般以离地面 2～3 厘米为宜。嫁接时,首先把接穗下端削成长 3 厘米左右的楔形,削面要平整,然后在砧木地上部位 3～4 厘米处,选平直部位剪截,剪口削平,再从剪口的半部,用剪刀顺纹向下劈 1 条长 3～4 厘米的裂缝,接着把剪好的接穗,快速插入砧木裂缝内。要求使砧木和接穗的形成层对齐,接穗的削面露出 0.3～0.4 厘米,以利伤口愈合,最后用长10～

15 厘米、宽 2～2.5 厘米的拉力较好的塑料薄膜条把接口绑紧，嫁接即完成(图 4-1)。

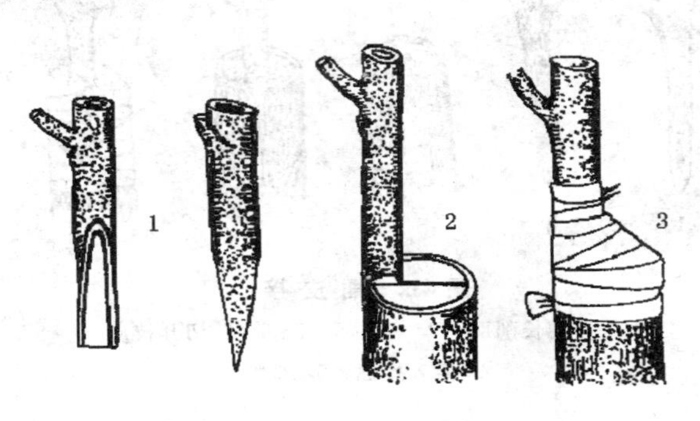

图 4-1　劈　接

1. 接穗　2. 接合状　3. 绑扎

2. 插皮接　是酸枣砧木苗常用的嫁接方法。其主要优点是：嫁接时间长，方法较简单，技术易掌握，嫁接速度快，形成层接触面大，嫁接成活率高，嫁接苗生长快。主要缺点是：抗风能力差，遇风易劈折。插皮接要求砧木相对较大，一般地径要 0.6 厘米以上。嫁接前的地面管理与劈接相同。

嫁接时，在接穗下端主芽的背面，用剪刀剪 1 个长 3～4 厘米的马耳形直切面，在切面背面削 0.4 厘米长的小切面，并将大切面两侧宽 0.1 厘米左右的表皮削去。接穗削好后，在砧木平直光滑部位剪截，削平剪口，在迎风面从切口向下用力切 1 条长 3 厘米的裂缝，深达木质部。用剪刀尖挑开切缝两面皮层，把接穗大切面慢慢插入砧木裂缝中，使接穗削面外露 0.3 厘米左右，以利愈合，最后将接口用塑料薄膜条捆紧即可(图 4-2)。

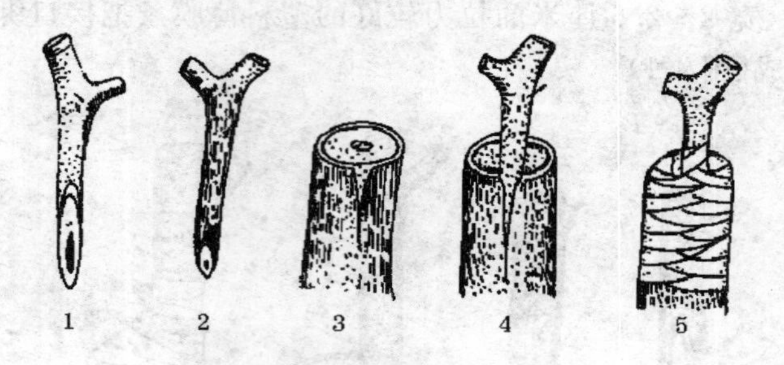

图 4-2　插 皮 接

1. 接穗长削面　2. 短削面　3. 剪砧、切开枝皮

4. 插入接穗　5. 绑严

四、嫁接苗的管理

（一）除萌（抹芽）　枣苗嫁接 7～10 天后，砧木将首先萌发。此时，应及时做好砧木的抹芽工作，也就是将砧木上萌发的枣芽不定期地除去，以利于砧木养分的集中供应，促进接口愈合和接穗的生长。一般抹芽 3～4 次，要抹早、抹小、抹了。同时，抹芽时注意不要碰动接穗，以免影响成活。

（二）补接　嫁接后 15～20 天或嫁接苗长到 3～5 厘米时，检查验收嫁接的成活率，对于嫁接成活率低于 80%的地块或条田中没有接活的苗木要及时重新补接。

（三）浇水　当嫁接苗长到 15～20 厘米时，可根据苗圃地的墒情及时浇水，一般全年浇水 3～5 次。

（四）施肥　当苗高达到 30 厘米左右时（6 月中下旬至 7 月上旬）开始追肥，追肥以氮肥为主，每 667 平方米可追施尿素 50～80 千克，分次追施，每次每 667 平方米追肥 20～25 千克，连续追施 2～3 次，每次间隔 10～15 天。施肥方法前期采用土壤沟施，后期可结合浇水撒肥。

(五)除草　苗木嫁接后要及时中耕除草，一般苗圃地除草多采用化学除草和人工除草相结合的办法来控制杂草危害。若采用化学除草必须要先进行小面积的药效试验或在林业技术员的指导下进行，以免发生药害。同时，也可结合松土铲除杂草，松土时要做到细致、全面、不伤苗、不压苗。

(六)摘心(打头)　当嫁接苗长到80厘米左右时，要及时摘心，也就是将嫁接苗的头(生长点)打掉，以促进枣苗的加粗生长和提高其成熟度。

(七)病虫害防治　枣苗病虫害较少，主要是螨类和蚧类害虫为害。在防治上，可结合林业部门的虫情测报，及时做好防治工作。一般6月上中旬喷施50%硫悬浮剂500倍液、哒螨灵1 000～1 500倍液防治螨类，或喷施40%速扑杀1 500～2 000倍液、蚧死净1 000～1 500倍液防治蚧类害虫。全年各类害虫防治喷药1～2次，每次间隔10～15天，即可控制害虫的发生。

(八)其他管理　苗木落叶后，要加强枣苗的保护，及时浇好越冬水，以防冻害。同时，注意防兔啃咬，以保证苗木安全越冬。

第二节　灰枣的归圃育苗

归圃育苗是在根蘖繁殖的基础上发展而来的。简单地说，归圃育苗就是将根蘖苗移植到苗圃，进行重新培育而成苗木的育苗方法。归圃苗的优点：能保持母树优良性状，根系发达，栽植后成活率高。缺点是：栽植后营养生长龄期长，结果晚，前期效益低。灰枣归圃育苗法是灰枣主产区传统的育苗方法。

一、根蘖苗的收集

在连片的枣粮间作的灰枣园，间作耕地或开沟施肥时，切断部分母树根系，即可大量萌发簇生根蘖苗，中耕时要予以保护，秋季麦播耕地之前，人工用锹挖出，挖苗时尽可能将根系挖完整，或保留一段母根（拐根），然后按品种分开假植。根蘖苗假植时，要条状散开、压实，不留空隙，及时浇水，保持土壤含水量60%左右。

二、根蘖苗的归圃

（一）根蘖苗的处理 根蘖苗在归圃当天，将假植的根蘖苗起出进行修整，用修枝剪把并生新梢、枝杈、病虫枝剪掉，剪去劈根、损伤过重根，每株只保留1个新梢，长为35～40厘米，其余的剪去。修整后用植物生长调节剂对苗木进行蘸根处理，也就是将苗木的根部5～7厘米浸入浓度为50毫克/千克的生根粉6号药液，或浓度为50毫克/升的吲哚丁酸和萘乙酸配制的混合液中，浸泡1～1.5小时后取出即可。栽植时，处理苗木要根据当天移栽情况而定，原则上育苗时边修整、边处理、边移栽。当天能移栽多少株，就处理多少株，尽可能地避免植株长时间晾晒，以免影响成活。

（二）苗圃地的选择 归圃育苗苗圃地应选择地势平坦、土层深厚、土壤肥沃、具有灌溉条件的中性或微碱性砂壤土或壤土地块。盐碱地、黏土地和低洼地不宜作苗圃。苗圃地不宜重茬，育过苗的土地，间隔1～2年后可重新作为苗圃地。

（三）根蘖苗的移栽 在灰枣的主产区，根蘖苗移栽时间从枣树落叶到萌芽，整个休眠期均可，一般为11月上旬至翌年4月上旬。在条件允许的情况下，最好是边收集，边处理，边移栽。移栽前，苗圃地视墒情浇水，待土壤稍干后耕耙做畦，畦宽110～130厘米，每畦育苗2沟4行，采用宽、窄行形式，宽行距为50～60厘米，窄行距为30～35厘米，株距为5～8厘米，移栽深度15～20厘米，以埋住原出土部位3～5厘米为宜，覆土后，用脚顺沟踩压，并及时浇水。

（四）归圃苗的管理

1. 平茬 在枣树萌芽前1～2个月，将根蘖苗从离地面1厘米左右处进行平茬，剪去地上部分苗桩，并将剪下的苗桩带出圃地。若是微碱性土壤，平茬时留桩要稍高，以保留3～5厘米为宜。

2. 浇水　萌芽前浇芽前水，并松土保墒，提高地温，以利于芽的萌发；苗木发芽期间，尽可能减少中耕次数，以防断芽；萌芽后要视土壤的墒情，合理浇水。

3. 除草选苗　当根蘖苗芽萌发至长3～5厘米时，进行选芽，保留1个壮芽，其余的全部去掉，以减少养分的消耗。同时，要及时中耕除草，在生长期可用单子叶杂草专用除草剂控制杂草危害，并结合松土人工铲除杂草。松土时要做到全面、细致、不伤苗、不压苗。

4. 施肥　当苗高20～30厘米(7月上中旬)时开始追肥，追肥以氮肥为主，一般每667平方米追施尿素50千克，分2～3次施入，每次间隔10～15天。

5. 摘心　当苗高70～80厘米时(8月上中旬)摘心，以促进枝条的成熟和苗茎的加粗生长。在生产实践中，由于归圃苗多是1年出圃，单位面积苗多，摘心工作量大，很少应用。

6. 病虫防治　苗圃地常见的病虫有红蜘蛛、枣瘿蚊、小白象、枣锈病等，在防治上要按照"治小、治了"的原则。根据虫情，喷施40%的氧化乐果乳油1 000倍液防治枣瘿蚊；喷50%的螨死净1 500倍液防治红蜘蛛；用75%辛硫磷1 500～2 000倍液防治小白象；用1∶2∶100的波尔多液防治枣锈病。

7. 其他管理　苗木落叶后，要及时浇越冬水，并采取防冻措施，保护苗木安全越冬，在部分地区(如新疆枣区)要注意防治兔害。

第三节　灰枣的嫩枝扦插育苗

扦插育苗是枣树良种繁育的途径之一，根据插条的木质化程度,扦插育苗分为硬枝扦插和嫩枝扦插。由于灰枣树不同的发育年龄和枝龄,其再生能力的强弱有较大的差别。枝龄小、皮层嫩,其分生组织活力强,再生力也强,扦插后易成活;幼龄期比成龄期枣树枝条的发根能力强;半木质化的幼龄枝比木质化的多年生枝生根能力强。在生产实践中,硬枝扦插由于生根率低,应用得较少;而嫩枝扦插育苗容易成活,应用比较普遍。嫩枝扦插育苗具繁殖速度快、繁殖系数高、能保持品种特性等优点;但对技术要求较高,需要一定的设备,投资较大。目前还没有普及推广。

一、塑料大棚的建造与做床

灰枣嫩枝扦插需要在塑料大棚内完成。建棚地址要选在背风向阳的地方,棚顶支架有钢架、水泥架、竹竿架等。棚的大小可根据场地和育苗量而定,一般1个大棚约667平方米。棚建好后,在棚内做床,一般床宽1.5米左右,深25～30厘米。床内铺15～20厘米厚的干净河沙或按2∶1的比例混合的炉灰渣与河沙;有条件的可用基质(蛭石和草灰按1∶1的比例混合)铺设;也可用较肥沃的腐殖质土,也就是按照腐殖质土7份,河沙2份,腐熟有机肥1份,磷肥每667平方米1千克的比例配制的营养基质。基质备好后过筛,并用0.1%多菌灵或0.2%的高锰酸钾、百菌清或根必治等药剂消毒。基质铺设苗床后,其上再盖1层3厘米厚的洁净河沙,以利于扦插和为插条生根创造条件。棚内设喷雾装置。在生产实践中,塑料大棚嫩枝扦插育苗的供水装置多安装全自动间歇喷雾装置,没有安装喷雾装置的也可用喷雾器人工喷水。

二、扦插枝条的选取

一般在生长健壮、无枣锈病的母树上选取当年生的枣头枝作为扦插枝条。如果插条资源充足,最好选取1年生半木质化的一次枝,或枝条中部的二次枝,这类枝条生根快,生根量多,扦插成活率高；如果插条资源不充足，也可选用根蘖苗的枝条作为插条。在大树上采集插条，要结合灰枣树的夏季修剪进行，采集时间以早晨或傍晚为好。

三、插条的剪截与处理

插条剪截长度 15～20 厘米，上切口为平切口式，从距顶端 1 厘米处剪平或保留顶芽不剪，下切口为单马耳形，并去掉下部 3～5 厘米以内的二次枝或叶片，先置于 40%多菌灵 800 倍液中灭菌 5～8 分钟，取出后甩掉药液再进行生根处理。插条生根处理方法有低浓度长时间浸泡和高浓度速蘸 2 种。生产上因高浓度速蘸（浸蘸 5～10 秒）操作方便，应用较多。常用的高浓度有：萘乙酸 1 000～1 500 毫克/升、吲哚丁酸 1 000 毫克/升、吲哚乙酸 800～1 000毫克/升；使用的低浓度有：吲哚丁酸 5～20 毫克/升、吲哚乙酸为 10～25 毫克/升、萘乙酸 20～30 毫克/升，浸泡时间为 10～15 小时。

近年来，在生产上常将 2 种生长素配合使用或将生长素与植物生长延缓剂配合使用，大大提高了插条的生根率。2，4-D 20 毫克/升或硼酸 100 毫克/升配合吲哚丁酸对插条生根有明显的促进作用。据试验，2，4-D 与吲哚丁酸混合生根率达 94%；硼酸与吲哚丁酸配合生根率达 96.1%。

此外，用 ABT 生根粉处理插条，对枝条也有明显的促进作用。一般将插条基部 3～5 厘米放入 50 毫克/升的 ABT 生根粉中浸泡 30～45 分钟，或在 1 000 毫克/升 ABT 生根粉中浸泡 10 分钟，生根率可达 86.3%。

四、插条的扦插与管理

扦插时，在苗床上架设一木板，供扦插人员蹲在上面作业。扦插前，先用小棍在床上扎眼，再将灰枣插条按株行距(5～6)厘米×

10 厘米的规划插入。一般每平方米扦插 160～200 根枝条，每 667 平方米扦插 11 万～13 万根插条，扦插后要及时喷水。生根阶段要调节好温度与相对湿度，初期棚内温度保持在 25℃～30℃，相对湿度为 70％～80％。在扦插苗生根期间，温度不得低于 19℃，否则生根不良。

插条扦插后，要立即进行喷雾，以后为保持基质湿润、叶片不萎蔫，可根据天气、气温情况及时喷雾。一般在插后 10 天内，每隔 25 分钟喷 1 次，夜间间隔 2 小时喷 1 次；插后 10～25 天内，白天每隔 30～45 分钟喷 1 次，夜间间隔 3 小时喷 1 次；扦插 25 天后，白天一般每 50 分钟喷 1 次；插后 30 天，插条普遍生根后，应逐步打开棚透光，进行苗木锻炼，以适应外界条件；2 个月后，可全部去掉棚膜，让苗木在露天环境下锻炼；最后几天每隔 2 小时喷 1 次。在管理期，每隔 7～10 天喷施 1 次 40％的多菌灵 800 倍液，以防插条腐烂，插后每隔 10～15 天，喷施 1 次 0.2％的尿素溶液。

扦插苗一般在棚内越冬，翌年春季出圃定植。在生产实践中，由于扦插苗生长势弱、木质化程度低、栽植后成活率不高，大多不直接进行大田定植，多先移栽苗圃地进行归圃，培育成壮苗，然后再移栽到大田。

第四节 灰枣种苗的出圃

一、起　苗

灰枣苗适宜在秋季和春季出圃起挖。秋季出圃在落叶后到土壤封冻前进行；春季出圃在土壤解冻后到灰枣苗萌芽前进行。如苗圃地和苗床土壤干旱，起苗前要进行浇水，以避免和减少起苗时拉断或撕裂根系。起苗方法有人工用锹挖苗和起苗机起苗 2 种。人工挖苗时，要尽可能将苗木根系完整挖出，多挖少拽，尽量避免损伤根系，多带毛根。作业时间以阴雨天最好，中午温度高或大风天气不宜起苗。苗木挖出后要立即用湿土把苗木根部临时埋好，不能露天久放，以防失水，影响成活。

二、苗木的分级与检验

（一）苗木分级 苗木起出后，按照购苗方的要求标准，进行严格分级。近几年，河南省新郑枣区培育灰枣种苗80%以上被新疆维吾尔自治区巴音郭楞蒙古自治州和吐鲁番、阿克苏和喀什等地区调运，所调苗木全部为混级苗，其中灰枣归圃苗、扦插苗要求苗高60厘米以上、地径0.5厘米以上；灰枣嫁接苗要求苗高70厘米以上、地径0.6厘米以上。

枣苗的分级标准有国家级标准和省级标准之分。一般省级标准二级以上苗木可进行造林，三级以下苗木不宜用于造林，应重新归圃。中华人民共和国林业部（现国家林业总局）枣树丰产林苗木分级标准，见表4-1。

表4-1 枣树丰产林苗木分级标准

级别	苗高（米）	地径（厘米）	根系
一级苗	1.2～1.5	1.2以上	根系发达，具直径2毫米以上、长20厘米以上侧根6条以上
二级苗	1.0～1.2	1.0～1.2	根系较发达，具直径2毫米以上、长15厘米以上侧根5条以上
三级苗	0.8～1.0	0.8～1.0	根系较发达，具直径2毫米以上、长15厘米以上侧根4条以上

（二）苗木检验 苗木分级打捆后，购苗方应和当地林木检验部门一起按标准要求对苗木进行检验。采取随机抽样的方法，一般1000株以下苗木抽样10%，千株以上的在1000株以下抽样10%的基础上，对其余株数再抽样2%，平均计算合格苗木的比

例。同一批次的苗木不合格苗木数量不得超过5%。苗木检验后，填写苗木质量检验合格证书。外调的苗木要经过检疫，并附检疫证书。

三、包装、运输

苗木分级检验后，要进行打捆包装。一般归圃苗100株为1捆，嫁接苗50株为1捆。按要求截干，一般归圃苗地上部分留40～50厘米截干，嫁接苗地上部分保留60～80厘米截干，并将二次枝保留1厘米剪去，并用石蜡封闭剪口。根部蘸泥浆后，用编织袋包装，挂上标签。如需长途运输则需根部蘸泥浆后先用湿草袋进行包根，再用塑料袋包装或根部蘸泥浆后，连同茎干用覆膜的编织袋全部包装。

苗木的运输多采用汽车运输。短途运输用篷布把苗木盖好即可；若长途运输，苗木包装装车后，先用塑料布将苗木和车盖严，再用篷布盖好，以防运输途中风吹日晒，使苗木脱水、死亡。

四、假　植

苗木起苗或调运回来后，要及时进行假植。假植场地要选择在地势开阔、土壤疏松、交通方便、水利条件好的地段。假植方法有假植沟和假植坑2种。假植沟假植，先挖宽30～40厘米、深40～50厘米（沟深应低于苗木高度，沟长以苗木的多少而定）的假植沟，再将成捆的苗木散开，放入假植沟内，苗木放好后用沙土或河沙填埋即可；假植坑深50～60厘米，宽、长视苗木的多少而定。将整捆的苗木散开一排排斜放入坑内，放好一排后，用沙土或河沙将苗木从根部至苗木中上部埋好，然后再放一排，这样一层苗、一层沙地进行假植，直到苗木假植完。苗木假植后要及时浇水，假植时要注意灰枣苗木不宜整捆假植，否则，风易从苗木缝隙中吹进根部，使苗木失水干燥，影响栽植后成活。

第五章　灰枣的规范化栽植技术

第一节　灰枣园地的选择与规划

一、园地选择

灰枣树抗逆性强，既抗严寒又耐高温，既抗旱又耐涝，既抗盐碱又耐酸。无论是山地还是平原，无论是耕地还是荒原均可栽植灰枣树。在全国，除黑龙江省和吉林省少数严寒地区外，其余各省都有灰枣的栽培。灰枣在休眠期抗寒能力极强，冬季在短时间内－32℃以下的低温也可安全越冬。灰枣的抗旱能力极强，在年降水量仅几十毫米的新疆各地区表现也较好，无论是生长结果性，还是品质都优于原产地。

灰枣虽然适应性广，但要获得优质、丰产、高效的栽培目的，应对当地的气象、土壤、降水量、光照、自然灾害以及当地枣生长发育情况进行调查研究，要做到适地适树。建园应尽可能选择海拔在1 200米以下、土层厚度在70厘米以上、坡度在25°以下、土壤pH值在5.5～8.5、光照充足、土壤较肥沃、防护林带完整的地方为宜。

二、枣园的规划

枣园的规划主要包括道路规划、排灌系统规划、防护林规划等。一般道路占园地总面积的5%～6%，10公顷以上的枣园要设主路、支路和小路；5～10公顷的枣园要设主路和支路；5公顷以下的枣园应设支路和小路。枣园的灌溉系统常用的有管灌、渠灌和滴灌 3 种。灌溉系统要因地而宜，合理设计。风沙较大的地区要规划防护林，防护林占园地面积的 14%左右。防护林设主林带和副林带，主林带与主风向垂直或基本垂直。主林带宽 10～15 米，副林带宽 4～6 米，林带株行距 1.5 米×2 米。防护林带树种的配置要选择对当地环境条件适应性强、树体高大、生长迅速、与枣树无共同病虫害的树种。常见的树种在平原地有速生杨、泡桐、刺槐等；在西北干旱地区，如新疆地区有胡杨、新疆杨、沙枣树等。

第二节 规范化栽植技术

一、栽植时期

灰枣的栽植时期有秋季和春季之分。秋季栽植在落叶后至土壤封冻前进行(10 月中下旬至 11 月中下旬)，以落叶后适当早栽为宜。春季栽植在土壤解冻后至枣树萌芽前进行(3 月中旬至 4 月中旬)。在生产实践中，常常是在枣树发芽前后(3 月下旬至 4 月中旬)栽植，此时栽植成活率高，生长好。一般在淮河、秦岭以北，北纬 40°以南地区，气候温暖，冬季土壤封冻晚或不封冻，因此，春栽和秋栽皆可；在北纬 40°以北地区，冬季干旱寒冷，秋栽易造成枣树冻死，因此只适宜春栽。

二、栽植密度与方式

灰枣栽植密度的确定主要依据园地地形、地势、土壤条件、耕作条件和管理水平而定。一般在土壤肥沃、管理水平相对高的平原地区，密度适当大些；在土壤贫瘠、管理水平相对较低的山地和丘陵，密度可适当减小。在生产中常用的栽植方式及密度有以下几种。

(一)密植式栽培 一般株行距为(1.5～2)米×(3～4)米，也可计划密植,如:2米×1.5米、2米×2米等,结果数年后再进行整行、整株移栽、间伐,恢复正常的栽植形式和密度。优点是单位面积产量高,前期效益好,可充分利用土地资源。缺点是要求管理水平高,枣园易郁闭,造成“只长树,不结果”的后果。

(二)间作式栽培　一般株行距为(4～6)米×(8～12)米,或(3～4)米×(10～15)米。优点是投资小,经济效益高,生态效益好,能改变农田小气候,减轻自然灾害,可实现枣树与农作物“双赢”,是理想的立体农业种植模式。缺点是前期效益低,见效慢,在一定程度上会影响种枣者的积极性。

(三)山地梯田式或坡地水平沟式栽培　根据梯田的宽度和地楞的高低规划栽植密度,一般株行距为(3～4)米×(5～6)米。优点是可控制水土流失,改善山地、丘陵的生态环境条件,增加山区农民收入。缺点是枣树管理难,相对单位面积效益低。

(四)野生酸枣改接自然式栽培　没有一定的株行距,一般要求留株密度为平均每株有3～4平方米的生长范围,使植株有一定的营养面积,为提高嫁接前期的经济效益,也可有计划地采用变化密植模式,即先每株保留1.5～2平方米的营养面积,以后再视生长结果情况适时间伐。优点是酸枣改接灰枣生长快,结果早,投资小,回报率高,技术简单,易掌握,社会效益和经济效益显著。缺点是株行距不规则,管理难度加大,品质相对也较差。

(五)零星式栽植　在房屋周围和庭院栽植灰枣,多为零星栽植。优点是不仅能结果,取得一定的经济效益,而且具有很高的观赏价值,给人以美的享受。另外,它可绿化、美化环境,改善人们生活,使人们在闲暇之余观其花、闻其味、品其果、悟其性,感悟人生的真谛。

三、苗木选择与处理

(一)苗木选择　苗木质量是建园能否成功的关键。栽植苗木要优选壮苗，生产上常使用的苗木是二级或二级以上的嫁接苗、归圃苗和扦插苗3种，且苗木生长健壮，根系完好，无损伤，无病害。一般嫁接苗要求地径0.6厘米以上，苗高70厘米以上；归圃苗、扦插苗要求地径0.5厘米以上，苗高60厘米以上。

（二）苗木处理 对随起随栽的苗木，一般不进行处理；对经过长途运输、假植的苗木，在栽植前对苗木进行ABT生根粉浸根处理，即用50毫克/千克ABT生根粉溶液浸根1个小时取出栽植，可有效提高栽植成活率。

四、栽植方法

（一）挖栽植坑或栽植沟 按规划的株行距，用测绳标出栽植坑或沟的位置，然后开挖。一般要求栽植坑深60～80厘米，长、宽各80～100厘米，栽植沟沟宽80～100厘米、深50～60厘米。在新疆地区，枣的栽植采用开沟、挖穴相结合，一般开沟后（沟宽80～100厘米，深40～60厘米，长度依地块的长短而定）在沟底或沟的阳面半坡，挖长、宽各50～60厘米，深40～50厘米的定植穴。挖栽植坑或栽植沟的方法有人工和机械2种。人工挖坑或沟时要注意表土和心土分放。

（二）施入基肥 栽植穴或沟坑挖好后，要往坑或穴内施入腐熟的有机肥，一般每坑或穴施腐熟的有机肥40千克、磷肥1千克，施肥时要把肥料与表层土充分混合后填入坑或穴中，填到距地面25厘米左右时，上层填5厘米表土，然后灌水沉实后栽植。

（三）栽　植

1. 栽植深度　灰枣栽植深度以保持苗木在苗圃地的原有的深度为宜。若栽植过深则缓苗期长，生长势不旺；若栽植过浅，则不耐旱，影响成活，固定性差。

2. 填土　栽植时一定要使苗木保持舒展，自然分开；要分层填土，及时踏实，注意提苗，填土时切记要先填表土后填心土。采用栽植坑栽植的要顺行做畦，以利于浇水，一般畦宽 1～1.5 米。

3. *浇水扶苗*　苗木栽植后要及时浇水，顺畦或顺沟浇水，浇水后栽植坑或沟发生凹陷的，要及时填土扶苗。

4. *覆盖地膜*　灰枣树栽植浇水后，待土壤稍干，及时平整营养带或树盘、清理栽植沟并覆盖地膜。一般矮化密植栽培，顺树行将整个营养带或栽植沟覆盖，地膜宽 60～80 厘米。枣粮间作或稀植栽植，可覆盖 1～1.5 平方米的树盘。覆盖地膜时要注意将苗木出口处用土封好不留缝隙，以免高温灼伤枣树。枣树地膜覆盖栽植不仅可以提高地温，保持湿度，而且还可以抑制杂草，缩短缓苗时间，提高苗木栽植成活率。

五、栽植技术要领

如何提高灰枣树栽植成活率是枣区干群比较关心的问题。近几年，许多枣区栽枣失败，劳民伤财，极大地损伤了枣农种植红枣的积极性，人们一味地认为是苗木质量问题。其实影响枣苗栽植成活率的不仅有苗木质量问题，还有栽植方法和栽后管理等环节也不容忽视。为此，总结出顺口溜式的枣苗栽植技术要领：

脱贫致富建枣园，优良品种是关键；
栽植苗木要分级，二级以上要牢记；
要想提高成活率，栽前苗木要处理；
大坑栽植施足肥，栽植深度原印齐；
栽后浇水带覆膜，保湿增温好成活。

六、栽后缓苗期的管理

（一）除萌　灰枣树萌芽后，要及时检查苗木萌芽情况，如果上部萌芽，要选择 3～4 个合理部位的壮芽培养主枝，其余的全部抹除；如果上部萌发的芽发育不良，而下面的芽生长健壮，应及时截去上部，保留下部 1 个健壮的芽生长。

(二)检查成活及补栽 灰枣树栽植后,7 月份检查苗木成活率,对未发芽的枣树视情况进行补救。秋后(9 月份至 10 月份)不发芽、不干枯、不皱皮的是枣树假死,翌年才能发芽,对苗木已干枯、变色的要及时挖出补栽。

(三)追肥浇水 灰枣树栽植后,要定时检查园地墒情,并根据情况及时浇水,一般要求土壤相对含水量保持在 60%~70%为宜。当新抽生的枝条长到 20~30 厘米(7 月上旬),要结合浇水追施以氮肥为主的速效肥料,每次株施 50 克左右,连续追施 2~3 次,每次间隔 7~10 天。

(四)防治病虫草害 第一年栽植的灰枣树幼树,主要应做好枣瘿蚊、红蜘蛛、梨园蚧、枣锈病的防治工作,防治时要注意合理用药,同时还应注意防除杂草的危害。除草采用人工铲除与化学除草剂防治相结合的办法。喷施除草剂前应注意使用事项,以免灰枣树发生药害。

(五)摘心 当新生枣头长到 6~8 个二次枝时,要及时摘心,以促进枣头、二次枝的加粗生长和木质化,提高树体的抗风、抗寒能力。

(六)防冻及其他管理 在北方寒冷干旱的枣区,当年新栽灰枣树易发生冻害,要注意培土防冻,也可用塑料布或作物秸秆包扎树体,或涂白防寒。同时,在个别野兔多的地方,树干要涂抹防啃剂,防止兔害。

第三节 盐碱地灰枣栽植技术

灰枣树较抗盐碱,一般在 pH 值 7.5~8.5 之间都能正常生长,而树龄不同抗盐碱的能力也不同。成龄枣树,抗盐碱能力强,但新栽的苗木抗盐碱能力相对较弱。在新疆地区调查发现,部分地区在盐碱地上栽植枣树成活率仅为 10%左右,有的甚至更低。

2003～2005年，河南省新郑枣树科学研究所在新疆维吾尔自治区阿克苏地区的温宿、沙雅县和巴音郭楞蒙古自治州的若羌、且末等县开展了盐碱地枣树栽植技术研究，取得了在中度盐碱地栽植灰枣树成活率达85%以上的良好效果，并总结出一套综合的盐碱地枣树栽植技术。

一、挖沟排碱

在盐碱比较重、地下水位又比较高的地区，在灰枣园周围挖排碱渠排碱。也就是在种植区外围，挖宽1～2米、深1米以上的排碱渠，在种植区内每隔一段距离挖深1米左右排水沟，通过挖沟排水，可把种植区70厘米土层深处的盐分排除，以减轻土壤的盐碱度。

二、大水洗盐压碱

在盐碱相对较轻、地下水位较低的地区，采取盐碱地大水灌溉，也可洗掉一部分盐分，降低土壤耕作层的含盐量，但要注意土地要平整，灌水要均匀。一般灌水量要淹没园地最高处3～5厘米。据试验，在灰枣树栽植前，用大水洗盐压碱法，土壤中0～20厘米土层的含盐量由浇灌前的0.33%～0.46%降至0.1%～0.23%，20～40厘米土层中的含盐量由浇灌前的0.35%下降至0.09%～0.16%。

三、开沟、换土铺沙

盐碱地土壤剖面中的盐分分布是上多下少，呈“T”字形分布。如：在春季0～5厘米土层的盐分比下层土壤高2～3倍，因此盐碱地灰枣树种植要开沟，在沟底挖穴栽植。一般沟宽80～100厘米，深40～60厘米，定植穴宽60～70厘米、深40～50厘米。坑底要换上好土，再在其上铺5～10厘米厚的河沙，然后再栽植苗木，以利于提高成活率。随着灰枣树的生长，抗盐碱的能力也逐渐增强，虽然几年后坑内所换的好土又逐渐盐碱化，但因灰枣树的抗盐碱能力也已大大提高，所以不受其影响，能正常生长发育。

四、施有机肥降盐

在盐碱地栽植灰枣树，要重视有机肥的施用。多施有机肥不但可有效改变土壤的理化性状、改善土壤结构，而且能有效降低土壤的含盐量，提高枣树成活率。据测定，盐碱地土壤有机质含量达1%时，土壤含盐量可降至0.1%以下。在栽植坑施厩肥15千克、秸秆4～5千克，半年后土壤的含盐量由原来的0.68%降至0.17%～0.23%，且施肥量与盐分下降成正比。

五、坑底铺渣和坑壁铺膜隔盐

在中度以上(含盐量0.5%以上)的盐碱地栽植灰枣树时，在栽植坑下部铺垫15～20厘米的灰渣、醋渣和秸秆等生物隔离物。2个月后，栽植坑内0～15厘米处的土壤含盐量下降至0.24%，15～45厘米的土层内的土壤含盐量下降至0.15%；在坑底放置生物隔盐层，再在坑的四壁铺贴1层塑料薄膜，在相当长的时间内，可阻挡坑外盐分向坑内横向移动，使坑内的土壤保持低盐量状态，以利于灰枣树的成活和生长发育。

第四节　枣粮(棉)间作技术

一、枣粮间作的科学依据

(一)利用灰枣树与间作作物生长的时间差，充分利用肥水资源　枣树是发芽晚、落叶早、年生长期比较短的果树，一般在4月中旬发芽，10月中下旬落叶。而小麦则是9月下旬播种，翌年6

月上旬收获，枣树与小麦的共生期 80～90 天，且大多天数为枣树的休眠期。5 月中旬至 6 月上旬是小麦扬花、灌浆至成熟期，以吸收磷、钾肥为主，氮肥为辅。而枣树正是长叶、分化花芽和生长新枣头的时期，以吸收氮肥为主，磷、钾肥为辅。因此，枣树与小麦间作，争肥争水的矛盾不大。6 月上旬枣树进入开花坐果期，需肥处于高峰期，小麦则开始收获。而刚刚播种的谷子、花生等作物，尚处于出苗期，需肥量较小，一般不影响枣树的开花坐果。9 月中下旬枣树采收后，为储备营养物质，枣叶需磷、钾肥数量上升，但小麦尚处在出苗期，对磷、钾肥吸收量较小，而且小麦播种前又施足了基肥，故此期枣树与小麦争肥的矛盾也不大。

（二）利用灰枣树根系与间作作物根系在土壤中的分布差，充分利用肥水资源　枣树根系的分布以水平为主，集中分布在树冠内 30～70 厘米土层内，占根系总量的 65%～75%，树冠外围根系分布稀疏，密度小，而间作作物的根系则集中分布在 0～20 厘米的耕层内。枣树主要是吸收 30 厘米以下土层的肥水，且以树冠内为主。而间作作物主要吸收 20 厘米内耕层的肥水，以树冠外为主。因此，枣粮间作的肥水利用率比大田高。

（三）灰枣树冠较矮、枝疏、叶小、遮光程度小，透光率较大，基本上不太影响间作作物对光照强度和采光量的要求

1. 枣麦间作　小麦从返青到拔节期，要求一定的光照强度、采光量，而此时枣树刚刚萌芽不久，基本上不影响小麦的光照。5 月上旬至 6 月初，小麦进入抽穗、扬花、灌浆成熟期，要求光照强度和采光量仅为全光照的 25%～30%，此时枣树枝叶进入速长期，枣叶展开后，单叶叶面积平均在 7.4～9.8 平方厘米，随风摆动，形不成固定的阴影区，基本上可满足小麦各生育阶段对光照的要求。

2. 枣与谷或豆类间作　谷子、豆类是光饱和点较低的耐阴作物，因此，间作可满足作物对光照的要求。

3. 枣与夏玉米（低秆）间作　小麦收获后可轮作夏玉米，夏玉米的光饱和点较高，是喜温作物。但是，光的补偿点较低，它具有短日照、高光效的特点。而且夏玉米又是C4植物，在较弱的光照条件下，仍可积累一定的干物质，所以枣树与夏玉米间作，也能满足夏玉米对光照的要求，并且可以获得较高的产量。

二、枣粮间作的模式

（一）以枣为主、以粮为辅的间作模式 这种模式适用于地多人少地区。枣树株行距为3米×6米，每667平方米栽植枣树37株，占地面积432平方米，粮食作物占地面积235平方米。或者采用双行带状型间作模式，即大行距小株距，小株距3米，大行距10米，每667平方米栽植枣树23株，占地面积384平方米，粮食作物占地面积283平方米。

（二）以粮为主、以枣为辅的间作模式 这种模式适用于人多地少地区。枣树行距较大，一般行距以15米为宜，株距4米，每667平方米栽植枣树11株，占地面积176平方米，粮食作物占地面积491平方米。或采用宽、窄行栽植，其中株距4米，小行距4米，大行距18米双行带状型间作模式，每667平方米栽植枣树15株，占地面积240平方米，粮食作物占地面积427平方米。

（三）枣粮并重的间作模式 这种模式适合于人口、土地均衡地区。枣树株距4米，行距8米，每667平方米栽植枣树21株，占地面积336平方米，粮食作物占地面积331平方米。或采用宽窄行栽植，其中株距4米，小行距4米，大行距12米双行带状型间作模式，每667平方米栽植枣树21株。

三、枣粮间作的技术要点

枣粮间作的关键技术，就是调节好枣树与间作作物之间争肥、争水、争光的矛盾，以达到枣粮的互惠、互利，实现枣粮双丰产。

（一）掌握适当的栽植密度 行距大小对温度、湿度、光照和风速都有明显的影响，也是影响枣粮产量的重要因素。因此，要根据栽培目的，因地制宜，统筹安排。以枣为主的行距6米为好，以粮为主的行距15米为好，枣粮兼顾的行距8米为好。

（二）选择适宜的栽植行向　行向对枣树产量有一定的影响，实践证明，南北行向栽植枣树，冠下受光时间较均匀，日采光量也大于东西行向的日采光量。因此，一般以南北行向栽植枣树为好，同时也要因地制宜，灵活掌握。

（三）适当控制枣树高度　树体高度与接受直射光量多少有一定关系。为了提高光能利用率和经济效益，树体高度应控制在6米以下，所以定干高度应在1～1.2米为宜。

（四）合理修剪，控制树形　据考察，树冠形状对枣树和间作作物的生长及产量有不同程度的影响。树冠郁闭、枝条拥挤、通风透光不良，结果部位外移，坐果率下降，并且加重了对间作作物的影响。因此，树冠形状以疏散开心形为宜。

（五）间作作物的选择配植　选择适宜的间作作物进行合理的配植，是调节枣树与间作作物争水、争肥、争光矛盾的重点技术之一。选择的间作作物应具备物候期与灰枣树物候期相互错开、植株矮小、耐阴性强、生长期短、成熟期早的特点。根据实践经验，以下几种作物比较适合间作。

1. *麦类*　包括冬小麦、春小麦、大麦等，这类粮食作物植株小，根系分布浅，且物候期与灰枣树物候期相互交错，是枣粮间作的理想作物。

2. *豆类*　包括大豆、豌豆、绿豆、红小豆等，这类作物植株矮小、耐阴性强、生长期短、成熟又早，而且有自行固氮作用，是与灰枣树间作的较好的作物。

3. *杂粮类*　包括玉米、谷子、芝麻、花生和棉花等，都可和灰枣树间作。但必须搞好合理布局和配植，因为这些作物都是喜光作物，但光饱和点和补偿点存有较大差异。与灰枣树间作时，在靠近枣树的一侧，先播种几行豆类作物，然后再播种谷子、玉米、芝麻、棉花等。采取“矮－高－矮”或“矮－中－高－中－矮”型的配植组合，既有利于通风透光，满足间作作物对光照强度、采光量的要求，又有利于缓解枣树与间作作物争肥、争水的矛盾，还有利于防治病虫害及便于树下管理。

4. 绿肥类　适宜间作的绿肥种类有黑豆、绿豆、红小豆、田菁、紫花苜蓿、百脉根、扁茎黄芪、白三叶等。间作绿肥可在地面形成绿色覆盖层，能有效地接纳雨水，防止水土流失，调节枣园土壤温度和湿度，改善枣园生态环境，提高土壤含水量和有机质含量，改善土壤结构，提高土壤肥力。绿肥不但可作为家畜的饲料，而且也为枣树提供了有机肥料。

5. 蔬菜类　适宜间作的蔬菜有菠菜、韭菜、大蒜、小葱、洋葱、油菜、水萝卜、地豆角、辣椒、芫荽等，不宜间作大白菜、芥菜、白萝卜、胡萝卜等晚秋收获的蔬菜。其中以大蒜、小葱、水萝卜、地豆角和菠菜等春、夏收获的蔬菜为宜。这些蔬菜株型矮、根系浅、生长期短，与枣树共生期较短。二者对肥、水、光照需求的矛盾较小，对枣树生长、结果影响不大，而且通过对蔬菜的肥水管理，也有利于枣树的生长和结果。

第六章　灰枣园土、肥、水管理技术

灰枣适应性强，对栽植区的土、肥、水条件要求不严，但是要使灰枣树体生长发育良好，并能实现高产、高效，必须加强枣园土、肥、水的科学管理。只有进行科学的土、肥、水管理，才能促进根系生长，提高根系对水分和养分的吸收、运输、合成能力，进而促进树体的健康生长，达到优质、丰产、稳产的目的。目前，我国大部分灰枣区，尤其是老灰枣区枣园的土、肥、水管理水平较低，灰枣树长期处于缺肥、缺水的饥饿或半饥饿状态，导致树势衰弱、抗病能力下降、产量低而不稳。因此，加强灰枣园的土、肥、水管理，改善树体的营养水平，是实现灰枣优质丰产的基础性措施。

第一节　土壤管理

土壤管理的目的是改善土壤的理化性状，提高土壤肥力，协调土壤水、肥、气、热的关系，充分发挥肥、水在灰枣树生长发育中的作用，从而满足灰枣对水分、养分的要求，为灰枣树健康生长、开花、结果创造良好的环境条件。

一、枣园深翻

灰枣园深翻简单地说就是表土与深层的土互换，也就是将土壤深层土翻上来，表层土翻下去。

（一）枣园深翻的好处

第一，截断表层部分根系，促发新根，增加吸收根的数量，诱导根系向下延伸，吸收深层水分，提高抗旱能力。

第二，改善深层土壤的理化性状，促进土壤中微生物数量的增加和活动增强，提高土壤有机质含量和矿物质营养水平，改善根系生长和吸收的环境。

第三，破坏部分病菌和虫害越冬场所，减轻病原菌和害虫翌年的侵染与危害。

(二)枣园深翻时期 一般在灰枣栽植后2～3年，根系的伸展已超过原来的栽植穴后进行，土壤的深翻多在春、秋季进行。春季深翻在土壤解冻后至枣树萌发前及早进行，秋季深翻在枣果采收后至土壤封冻前进行，一般结合秋季施基肥和浇越冬水进行深翻。

(三)深翻方式 灰枣园深翻方式根据树龄、栽培方式以及深翻面积的大小、部位可分为全园深翻、顺行深翻和深翻扩穴3种。

1. 全园深翻 适用于土层深厚、肥力较好的平地灰枣园和枣粮间作灰枣园，多在春、秋季进行。秋季在枣果采收后到土壤封冻前，春季在土壤解冻后到灰枣树萌芽前。深度一般以30～40厘米为宜。树冠外宜深，树干周围宜浅，密植园可采用隔年、隔行深翻，以免伤根过多，影响树势。

2. 深翻扩穴 适用于山坡、丘陵、旱地枣园。秋(冬)季在枣果采收后至土壤封冻前或春季土壤解冻后进行深翻扩穴，多与施有机肥相结合，即在距树干1.5米外挖环状沟，沟宽不限，深30～40厘米，要求与原来的栽植沟相通。沟挖好后，将表土与有机肥混合将沟填平，并浇水，以利于根系向外伸展。

3. 顺行深翻 适用于枣粮间作的灰枣园，即秋(冬)季或春季，沿树行深翻，深度30～40厘米，将深层土翻上来，使部分虫体暴露、冻死，减少越冬虫源，减轻翌年为害。

二、枣园覆盖

灰枣园覆盖是灰枣园土壤管理的一项先进技术措施，它具有保湿、增温、抑草、压盐等作用。

(一)枣园覆盖的好处

1. 减少水土流失，提高土壤肥力　在山区、丘陵、沙荒地进行灰枣园覆盖，可以减少由于大雨的冲刷而将表土冲掉导致的水土流失。此外，用秸秆覆盖的在秸秆腐烂后，可丰富土壤有机质含量，提高土壤肥力。

2. 保持土壤湿度，调节地温　灰枣园覆盖可有效地减少地表水分蒸发。据试验，灰枣树行间营养带覆膜园比裸露园的土壤含水量高 3.3%～6.4%。在夏季高温季节，沙区灰枣园地表层土温有时高达 60℃～70℃，而盖草的灰枣园地表温度不超过 30℃。

3. 抑制土壤盐渍化和控制杂草生长　在盐碱枣区，如新疆地区大部分灰枣园，河南省西华、内黄等地枣区覆草可减缓水分蒸发，起到抑盐作用。此外，灰枣园覆盖除草膜或地膜，可有效控制杂草，起到除草作用。

(二)枣园覆盖的材料　在生产上比较常用的覆盖物有秸秆、绿肥、杂草、地膜、反光膜等。

(三)枣园覆盖的方法　枣园覆盖多在夏、秋季雨后或灌溉后进行。一般覆盖厚度 10～20 厘米，覆盖要均匀、严密。在覆盖材料紧张的情况下，可在树干周围半径 0.5～1.5 米的范围覆盖，其余的清耕。

三、中耕除草

在灰枣树生长期，要根据杂草的生长情况，及时中耕除草。一般全年中耕除草 4～5 次，可使土壤保持疏松和无杂草状态。中耕除草常用的方法有人工除草、化学除草和机械除草 3 种。现代灰枣园多采用机械除草，一般中耕深度 5～10 厘米，中耕次数以气候条件、杂草的多少为依据。化学除草要根据杂草的种类、除草剂的效能科学施用。大面积应用除草剂防除杂草时，首先要进行小面积的药效试验后再应用，以免发生药害，危害灰枣树。

第二节　水分管理

灰枣树抗旱能力较强，相对于其他果树需水量较少。我国灰枣主产区多分布在干旱少雨、缺水的山区、沙区和干旱地区，但水又是灰枣一切生命活动的介质，当水不能满足灰枣正常的生命活动时，将直接影响灰枣树的正常生长发育。如根系生长停滞，叶片长时间萎蔫，落花落果或果实发育不良，严重时可造成灰枣树整株死亡。因此，灰枣园水分管理是实现优质丰产的重要措施之一。

一、枣园灌水期和灌水次数

灰枣树在生长发育季节，要求土壤相对含水量为65%～70%，尤其是在花期和硬核前果实迅速生长期对土壤水分敏感，当土壤含水量小于55%或大于80%时落花落果严重、幼果生长受阻；在果实硬核后的缓慢生长期，当土壤相对含水量为30%～50%时，果肉变软、生长停止。在北方枣区，灰枣树生长的前期正处于干旱季节，尤其应重视浇水。根据灰枣树生长发育规律和需水特点，一般灰枣园全年应分别于萌芽前、盛花期、果实膨大期、越冬前浇4次水可基本满足灰枣树生长发育对水分的需求。

(一)催芽水　一般在4月上中旬灰枣树萌芽前浇水，此时浇水不仅有利于灰枣树萌芽、枣吊和枣头的生长，而且还有利于灰枣树的花芽分化和开花结果。

(二)花期水　一般在6月上旬灰枣树盛花期浇水，灰枣花期对水分比较敏感，水分不足则授粉受精不良、坐果率明显降低，此期浇水不但能提高坐果率，而且能促进果实的发育。

(三)促果水　一般在幼果迅速生长期(7月上旬)结合追肥进行浇水。此期若水分不足，可使果实生长受阻，严重的可造成落果、产量降低、品质下降。

（四）越冬水　一般在土壤结冰前、秋季施基肥后浇水。在北方枣区11月下旬前进行，在新疆地区浇越冬水应于11月上中旬前及早完成，以免发生冻害。

二、浇水方法

随着科学的发展，浇水方法也越来越科学化、集约化，不但能节约用水，而且效果更好。目前，生产上常用的方法有地面灌溉、喷灌、滴灌、渗灌等。地面灌溉又分为分区漫灌、沟浇、畦浇、株浇等。

（一）全园或分区漫灌　在新疆地区的灰枣栽培区比较常见，多数是一个条田进行大水漫灌。而在北方老灰枣区，将几株或几十株树盘连成一小区，整个灰枣园可分成若干小区，引水入园后各个小区依次浇灌。

（二）株浇　在水源相对短缺的情况下进行株浇。就是根据树冠大小在树干周围挖成直径不等的圆形坑，引水入坑，浇后要及时填土埋坑。

（三）畦浇和沟浇　灰枣树沟浇适宜于顺灰枣树栽植时挖的栽植沟浇灌。新疆地区枣棉间作在棉花不需浇水时多进行沟浇。畦浇就是沿树行做畦，畦宽视树冠大小而定，一般1.5～2米，引水入园后，顺畦浇灌。

（四）喷灌和滴灌　喷灌是将具有一定压力的水，通过地下管道输送到田间，再由喷头将水喷射到空中，像下雨一样，均匀喷洒。滴灌则是利用管道加压的水，通过滴头一滴一滴均匀而缓慢地滴入灰枣树根部附近土壤，使根系活动区域保持湿润状态。

三、浇 水 量

灰枣园浇水量根据灰枣园立地条件、天气情况、物候期等综合因素决定。一般沙质土保水性差，浇水次数宜多，浇水量宜少。黏质土与此相反,浇水次数宜少。由于灰枣毛细根系主要分布在20～30厘米土层,灰枣园的土壤湿润深度以达到30厘米左右为宜。适宜的浇水量可按下列公式计算:

浇水量(立方米)=灌溉面积(平方米)×浸湿土壤深度(米)×土壤容重×(田间持水量—土壤含水量)

第三节　枣园施肥技术

灰枣在生长发育过程中,不同时期需肥的种类、数量也各不相同。一般花期是需氮最多时期,果期是需磷最多时期。氮、磷在灰枣树生长前期、枝叶快速生长期参与物质代谢而需求量大。因此,灰枣树应按不同物候期分期追肥,以保证树体正常生长发育对营养物质的需求。

一、施肥时期

灰枣的施肥时期应根据灰枣各个生育期的需肥特点及肥料的种类、性质、作用等多方面综合考虑,一般以秋施基肥和夏季追肥为主。

(一)秋施基肥　在灰枣果实成熟到土壤封冻前(9月上旬至11月中下旬)进行。以9月份枣果采收后为最好。在北方枣区,一般在10月上中旬进行,此时叶片具有较高的光合效能,阳光充足,昼夜温差大,有利于有机营养的积累。同时,能使有机肥进一步分解,有机养分逐步转化为有效养分,在翌年充分发挥作用,及时供给萌芽、开花和结果之用。

(二)夏季追肥　灰枣树营养除施基肥外,在灰枣树生长期应追施速效性肥料,以满足各器官正常发育对养分的需求。一般1年追肥3次,第一次在萌芽期(4月上中旬),肥料以氮肥为主;此时追肥可促进灰枣芽萌发,利于新梢生长和花芽分化。第二次在开花期(6 月上中旬)，以氮肥为主，磷肥为辅；此期追肥可促进枝叶健壮生长，提高花芽分化质量，减少落花落果。第三次在果实膨大期(7 月中旬)，以磷、钾肥为主，氮肥为辅；此期追肥能减少落果，加速果实膨大，促进根系生长。

二、施肥种类

(一)基肥种类 基肥以有机肥为主，可辅以适当的速效肥，常见的基肥有圈肥、厩肥、绿肥、堆肥等。生产上常用的有机肥料养分含量，见表 6-1 。

表 6-1 常用有机肥料养分含量 (%)

肥料种类	水分	有机质	氮	磷	钾
一般堆肥	60～75	15～25	0.4～0.5	0.18～0.26	0.45～0.7
人粪尿	80	5～10	0.5～0.8	0.2～0.4	0.2～0.3
猪厩肥	72.4	25	0.45	0.19	0.6
羊厩肥	64.6	31.8	0.83	0.23	0.67
鸡　粪	50.5	25.5	1.63	1.54	0.85
牛　粪	83.3	14.5	0.32	0.25	0.16
紫云英	88		0.33	0.08	0.23
紫花苜蓿	83.3		0.54	0.14	0.4
绿　豆	85.6		0.6	0.12	0.58

(二)追肥种类 追肥种类主要以速效性肥料为主，包括大量元素，如氮肥、磷肥、钾肥等；微量元素肥料，如铁肥、锌肥、硼肥、稀土肥料等。生产上常用的无机肥料的成分及理化性质，见表 6-2 。

表 6-2　常用无机肥料成分及主要理化性质

肥料种类	名　称	养分含量(%)	化学性质	溶解性
氮　肥	硫酸铵	N 20～21	弱酸性	水溶性
	碳酸氢铵	N 17	弱碱性	水溶性
	硝酸铵	N 34～35	弱酸性	水溶性
	尿素	N 42～46	中性	水溶性
磷　肥	过磷酸钙	P_2O_5 16～18	酸性	水溶性
		$CaSO_4$ 18		
	钙镁磷肥	P_2O_5 14～18	碱性	弱酸溶性
		CaO 25～30		
		MgO 15～18		
磷　肥	磷矿粉	P_2O_5 14	中性	强酸溶性
	骨粉	P_2O_5 20～35	中性	弱酸溶性
钾　肥	硫酸钾	K_2O 48～52	中性	水溶性
	氯化钾	K_2O 50～60	中性	水溶性
复合肥料	磷酸铵	N 12～18	中性	水溶性
		P_2O_5 46～52		
	钾镁肥	K_2O 33	中性	水溶性
		MgO 28.7		
	磷酸二氢钾	P_2O_5 24	酸性	水溶性
		K_2O 27		
	氮磷钾复合肥	N、P_2O_5、K_2O 各 14%	中性	水溶性
微　肥	硼砂	B 11	弱酸性	水溶性
	硼酸	B 17	弱酸性	水溶性
	硫酸锌	Zn 35～40	弱酸性	水溶性
	硫酸亚铁	Fe 19～20	弱酸性	水溶性
	硫酸锰	Mn 24～28	弱酸性	水溶性
	钼酸铵	Mo 50～54	弱酸性	水溶性

三、施肥方法

灰枣树施肥方法有土壤施肥和叶面喷肥2种。要采取何种施肥方式，应依据树龄的大小、栽植密度、土壤类型、肥料的种类和特点而确定。常见的施肥法有以下几种。

(一)土壤施肥

1. 环状沟施　在树干外围投影处挖一环状沟，沟宽30～50厘米、深40厘米，有机肥与表土混合后填入沟内，并及时将沟填平，此法适用于幼龄枣树。

2. 放射状沟施　在距树50～80厘米处至树冠外围挖4～6条深、宽各30～50厘米的里浅外深的放射状沟，将有机肥与表土混合后施入沟底，将沟填平，此法适用于成龄灰枣树。

3. 条状沟施　顺树行在树冠一侧外围挖一条长沟或在株间挖一条短沟，沟宽、深各为30～50厘米，条状沟要在树冠两侧轮换位置，年年交换施用。此法适用于成龄密植灰枣园。

4. 全园或树盘撒施　将肥料均匀地撒在园内或树冠下，然后深翻30～40厘米，将肥料翻入土中，此法适用于密植灰枣园或成龄灰枣树。

5. 穴状施肥　在树冠外围绕树冠投影，每隔50厘米挖若干个长、宽各30厘米左右，深30～40厘米的穴，然后将肥施入穴中，此法适用于枣粮间作的大灰枣树。

6. 灌溉施肥　将溶解度大的肥料溶入水中，结合滴灌、喷灌给灰枣树施肥的方法。

7. 土壤施肥注意事项　施肥方法每年要交替使用，在挖沟施肥时，要尽可能减少伤根，尤其是直径大于0.5厘米的根要加强保护。施肥深度要适宜，一般基肥可深施，追肥宜浅施；磷肥可深施，氮肥要浅施；磷、钾肥不可同施一穴，以免结块，影响肥效。

(二)叶面喷肥　叶面喷肥是指在灰枣树生长季需肥的关键时

期，将灰枣树所需的营养元素均匀地喷洒到叶、花、果和枝上，以补充树体营养的不足。叶面喷肥简便易行、见效快、效果好。据试验，一般叶面喷肥1～2小时后，营养元素就能被树体吸收利用。

叶面喷肥要均匀、细致，尤其是叶的背面。一般喷施尿素等肥料以浓度为0.3%～0.5%为宜，磷酸二氢钾以0.2%～0.5%为宜；喷施时期最适温度为15℃～25℃，夏季在上午10时前和下午4时之后为最好。叶面喷肥肥效持续时间短，不能代替土壤施肥，只能作为土壤施肥的补充。在生产上常施用的叶面肥种类、喷施浓度和喷施时期，见表6-3。

表6-3　灰枣树叶面喷肥常用的肥料种类及其施用浓度和时期

肥料种类	喷施浓度（%）	喷施时期
尿　素	0.5	生长期
磷酸二氢钾	0.3	生长期
过磷酸钙	浸出液2	7～8月份
草木灰	浸出液4	7～8月份
硫酸亚铁	0.2～0.4	5～6月份
硫酸锌	3～5	发芽前
硼　酸	0.03～0.05	开花期
硼　砂	0.5～0.7	开花期
柠檬酸铁	0.05～0.1	生长期
硫酸锰	0.05～0.1	生长期
硫酸镁	0.05～0.1	生长期
硫酸钾	0.5	7～8月份
农用稀土元素	0.05	开花期

四、施 肥 量

（一）基肥施用量　一般1～3年生的幼树，每株应施农家肥

20～30 千克；4～8 年生结果树，每株施农家肥 30～80 千克，过磷酸钙 1～2 千克，尿素 0.2～0.5 千克；8～10 年生盛果期结果树，以果产量计算施肥量，每 100 千克鲜灰枣产量，全年施入纯氮 1.6～2 千克，五氧化二磷 0.9～1.2 千克，氧化钾 1.6～2 千克，其中有机肥应占 2/3～4/5，以维持和提高土壤有机质和微量元素含量。如用此肥量，树体抽生发育枝量不足或过强，树势变弱或过旺，可在翌年增加或减少 20%～30%，调整肥量。低产树可按株产 50 千克鲜灰枣的水平计算施肥量，盛果期树基肥量为全年氮肥、钾肥用量的 1/2，磷肥用量为全部。

（二）追肥量　灰枣树追肥一般分 3 次进行。第一次在萌芽抽枝期，大树可追施磷酸二铵 1～2 千克；第二次在开花期，每株可施磷酸二铵 0.5～1 千克，硫酸钾 0.5～1 千克；第三次在果实膨大期，可施磷酸二铵 0.5～1 千克，硫酸钾 1～2 千克。此期多施钾肥可有效提高枣果品质。在河南省新郑灰枣区，据试验，氮、磷、钾对灰枣树的产量和质量影响显著。最佳的经济配方为 N∶P∶K＝2∶1∶2；氮、五氧化二磷、氧化钾的用量为 0.6∶0.3∶0.6（单位：千克），在初花期（5 月底）和幼果期（7 月中旬），连续施肥 2 次，可基本满足灰枣树生长发育对养分的需求。

第七章　灰枣树的整形修剪技术

整形修剪包含两个层面的意思，一是树形的培养，就是通过各种措施，使树体结构更趋于合理或培养一定的树体形状；二是修剪，是指在树形培养和保持合理树体结构的过程中所采取的技术措施和手段。通过整形修剪，在生长期能促进幼树树冠早日成形和提早开花结果；在结果期能调节树体营养生长和开花结果之间的平衡关系，维持良好的树体结构，提高单位面积枣果的产量和品质，最大限度地延长结果年限；衰老期对树体进行全面更新，恢复树势使其返老还童，树老枝不老。

第一节　灰枣树的整形技术

一、整形的原则

灰枣树的整形原则与其他枣树一样，应做到"因地制宜、因树整形、有形不死、无形不乱"。要依据灰枣树的生长特点、当地的自然条件和生产需求，培养合理的树体结构。在生产实践中，不可片面追求一定的树形，生搬硬套。各种树形要灵活运用，不断创新，牢记"只有不丰产的树形，没有不丰产的树体结构"。

二、常见的树形及整形方法

根据灰枣树特有的枝、芽特性和喜光特点，在生产上常采用的丰产树形有主干分层形、小冠疏层形、开心形、自由纺锤形、自然圆头形等。

(一)主干分层形　又称疏散分层形(图 7-1)。

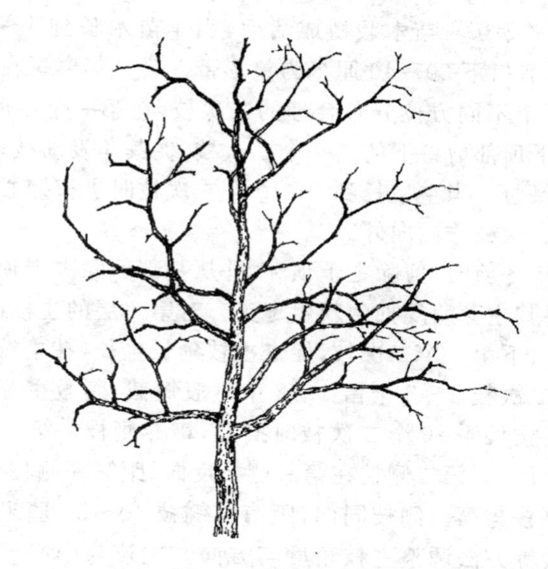

图 7-1　主干分层形

1. 树形特点　树体骨架牢固，通风透光较好，层次分明，枝多、级次明显，树体立体结果，负载量大，产量较高，容易培养，适用于一般枣粮间作枣园。栽植密度为(3～4)米×(8～15)米，每 667 平方米栽植 10～28 株。

2. 树体结构　树高 4～6 米，干高 0.8～1.2 米，有主枝 6～9 个，分 2～3 层上、下排列：第一层主枝 3～4 个，基角 60°～70°；第二层主枝 2～3 个，与第一层间距 0.8～1.2 米，基角 50°～60°；第三层主枝 1～3 个，与第二层间距 0.8～1 米，基角 30°～40°。第三层以上可留中心枝干，也可落头开心。第一、第二层主枝上各配备侧枝 1～3 个，第三层主枝上不培养侧枝；结果枝组按同侧间距 50～60 厘米培养，长 60～100 厘米，大小根据所在空间和方位而定。

3. 整形方法　苗木栽植成活后，当年苗木长到1～1.2米处摘心定干，剪口下30～40厘米为整形带。第一年春季在整形带内选择3～4个不同方位分布合理的二次枝，在第一个枣股处短截，并疏除主干顶部剪口下的第一个二次枝，促其萌发新枝，其余的二次枝全部保留。当主枝长到7～10个二次枝时进行摘心。摘心时最外端的二次枝方向向外。

第二年冬剪时，剪除主干顶芽，并从基部剪除主干顶端第一个二次枝，促其主芽萌发抽生新生枣头。对第一层的主枝适当短截，并疏除剪口下第一个二次枝，促进主枝延长生长，在主枝上选择方位较好的二次枝2～3个留1～2个枣股短截，刺激主芽萌发抽生新枝，待新枝长4～6个二次枝时摘心，培养侧枝。第一侧枝距主干50～60厘米，第二侧枝在第一侧枝反向，距第一侧枝30～40厘米，第三侧枝与第一侧枝同向，距第二侧枝40～50厘米。同时用拉枝、扭转等方法调整主枝角度与方向。主枝与中心干夹角保持60°～70°。

第三年冬剪时，在距第一次主枝80厘米以上的二次枝选方向合适的二次枝2～3个，间距20～30厘米，保留1～2个枣股短截，促其萌发新枝，培养第二层主枝。上、下层主枝要上、下错落着生，不能重叠。中心干继续培养延伸，当新枝长到4～6个二次枝时摘心，对有空间的萌芽所抽生的新枝，保留3～5个二次枝摘心，培养成结果枝组；没有空间的萌芽及时疏除。

第四年冬剪时，培养第三层主枝1～2个和第二层各主枝上的侧枝1～2个，中心枝再向上延伸，保留5～7个二次枝摘心，或将中心干从基部在第三层上部的主枝处剪除，落头开心。

（二）小冠疏层形

1. 树形特点　为主干分层形的改进树形。冠形小而紧凑，骨架牢固，层次分明，立体结果，成形快，产量高，易管理，便于采收。适用于矮化密植栽培。一般栽植密度为(1.5～2)米×(3～4)米，每667平方米栽植80～150株。

2. **树体结构**　树高2.5～3米，主干高50～60厘米，有主枝6～7个，分2～3层错落分布在中心干上。第一层主枝3～4个，基角70°，长度1～1.5米；第二层主枝2个，距第一层主枝60～80厘米，基角50°～60°，主枝长度0.8～1米；第三层主枝1个，距第二层主枝40～60厘米，或不培养第三层主枝。在各层主枝上不培养侧枝，直接培养大中型结果枝组，每个枝组长30～80厘米，错落参差排列(图7-2)。

图7-2　小冠疏层形

3. **整形方法**　苗木栽植后，距地面60～80厘米处定干。当年苗木上的主芽萌发、抽生新枝，当新梢(多为二次枝)长到15～20厘米时，选择3个不同方位的健壮枝，保留1个枣股进行摘心，刺激萌发或促壮，其在翌年萌发形成主枝，其余枝条保留，作为辅养枝制造养分，供苗木生长。当第一层主枝长5～6个二次枝时进行摘心，翌年萌芽前，对中心枝剪去顶芽及剪口下第一个二次枝，促其萌发抽生新枣头，形成中心枝(一剪堵，二剪放)。同时对下部位置适当的2个二次枝留一节短截，刺激促生新枝，培养第二层主枝，并剪去第一层3个主枝的顶芽和剪口下第一个二次枝，促进主枝延长。当中心干延长到7～9个二次枝时摘心，主枝上保留5～6个二次枝摘心，减缓加长生长，促进加粗生长。

(三)开心形

1. 树形特点　通风透光良好，结果枝组配备多，叶面积系数大，前期产量高，结果多，着色好，易管理。适用于矮化密植枣园。一般株行距为(1.5～2)米×(3～4)米，每667平方米栽植80～150株。

2. 树体结构　树高2.5～3米，干高50～60厘米，有主枝3～4个，相互水平呈90°～120°。各主枝上培养侧枝2～3个，侧枝间距40～50厘米，树冠不留中心干，呈开心形(图7-3)。

图7-3　开心形

3. 整形方法　苗木定植成活后，当年生长季在距地面50～60厘米以上部位，选择3～4个二次枝保留1节短截(摘心)，促二次枝萌发形成主枝。当主枝长到7～8个二次枝时进行摘心，使其下部二次枝健壮。翌年早春冬剪时，在各主枝距树干40～50厘米处，选择方向一致的二次枝短截，促其萌发，培养侧枝，并剪去主枝的顶芽和剪口下的第一个二次枝，使主枝进一步延伸生长，当新生枝长到 6～8 个二次枝时进行摘心。第三年在各主枝的另一侧再配一侧枝，对内部无空间的萌芽及时抹去，对有空间的萌芽，当二次枝长出 3～5 个时进行摘心，并根据空间的大小培养成大中型结果枝组。完成整形后的开心形树体主枝 3～4 个，侧枝 8～10 个，结果枝组若干，形成上下、内外立体结果树形。

(四)自由纺锤形

1. *树形特点*　无明显主枝，结果枝组错落有致分布于主干上，培养方法简单，成形快，结果早，前期产量高，更新容易，适用于高密栽培灰枣园。一般株行距为(1.5～2)米×(2～3)米，每 667 平方米栽植 110～220 株。

2. *树体结构*　树冠高 2～2.5 米，干高 50～60 厘米，全树7～11 个枝组均匀分布在中心干上。下部枝组大于中上部枝组，保留 7～8 个二次枝；中部枝大于上部枝组，留 5～6 个二次枝(图 7-4)。

3. *整形方法*　定植成活后，当新梢长到 0.8～1 米时进行摘心。在下部距地面 50 厘米以上的二次枝，每隔 1 个进行摘心，刺激其萌发，抽生新枝。当新梢长至 4～5 个二次枝进行摘心，促其下部二次枝健壮。翌年春疏除主干顶芽和剪口下的第一个二次枝，促中心干向上延伸。当中心干长到 7～8 个二次枝时摘心，控制其向上生长，并选择方位好的 3～4 个二次枝摘心，利用主芽萌发新枝，培养结果枝组，其余枝保留，作为辅养枝。第三年按照以上相同方法再培养 2～4 个结果枝组。自由纺锤形每年培养结果枝组 3～4 个，各枝组的枝间距不小于 20 厘米，3 年树形可以形成。

(五)自然圆头形

1. *树形特点*　由自然状态下的树形改进而成。成形快，结果早，易丰产，通风透光差，易郁闭，层次不清，无明显中心干，适用于枣粮间作枣园。株行距(3～4)米×(8～15)米，每667平方米栽植10～28株。

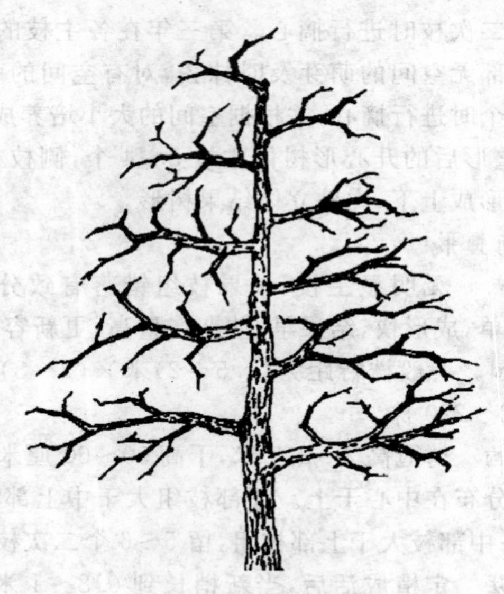

图 7-4 自由纺锤形

2. **树体结构** 树冠高4～5米，干高80～100厘米，无明显中心干，主干上错落分布6～8个主枝，每个主枝上着生2～3个侧枝，侧枝之间相互错开，均匀分布，树冠顶端自然开心(图7-5)。

3. **整形方法** 栽植后第一年冬剪时，在距地面80厘米处以上的二次枝均选择不同方位的3～5个，从第一个枣股处剪除，促其枣股抽生主枝。在生长季，根据着生方位进行拉枝调势，角度为40°～60°。除中心干长80厘米摘心外，其余各主枝均保留60厘米摘心。翌年对中心干上的二次枝有选择性地选取方位理想的二次枝3～4个，从第一枣股处短截，刺激其萌发新枝，同时对各主枝上距中心干40～50厘米处的同一侧二次枝短截，促其萌发培养侧枝。对其他枝条根据位置、方位、空间大小短截，促其萌发，培养成结果枝组。

图 7-5　自然圆头形

近几年，随着技术的进步和灰枣矮化密植技术的推广，在生产实践中，灰枣树的树形和整形方法也得到不断地改进和创新。在整形方法上，如新疆维吾尔自治区若羌县科技局，结合当地生产实际创立“嫩枝整形法”，就是利用当年新生嫩枣头枝、二次枝摘心，刺激其再萌发而培养各级骨干枝。在树形上，出现适宜矮化密植栽培的 Y 字形、扇形、篱壁形等。

Y 字形：在树干上只着生 2 个主枝，两主枝斜伸向行间，枝基角 40°～60°，每个主枝外侧着生 3～4 个侧枝，在主侧枝上培养结果枝组（图 7-6）。

扇形：全树有主枝 3～5 个，均匀向两个相反方向生长，扇面可与行向垂直、也可有一定角度，主枝不留侧枝，直接培养结果枝组（图 7-7）。

图 7-6　Y 字形

图 7-7　扇　形

第二节　灰枣树的修剪技术

一、修剪的原则

灰枣树的修剪应按照“因地制宜，因枝修剪，长短兼顾，轻重结合，均衡树势，主从分明，夏剪为主，冬剪为辅”的原则。“因地制宜，因枝修剪”，就是要根据当地立地条件、枝条的类型、生长势、空间大小的不同而采取不同的修剪措施，不可千篇一律，生搬硬套；“均衡树势，主从分明”，就是要明确枣树各类枝条之间的从属关系，使同层次各类枝条均衡发展；“长短兼顾，轻重结合”，就是要求在修剪时既要考虑当前利益，采取相应的技术措施，早结果、早受益，又要考虑长远效益，在早结果、早见效的前提下，培养良好的树体结构，为获取长远的高产稳产奠定基础；“夏剪为主，冬剪为辅”，就是提倡灰枣树周年修剪，随时修剪，冬、夏修剪有机结合，将夏剪作为主要修剪手段，冬剪作为夏剪的补充。枣树通过修剪实现树体骨架牢固，枝条分布合理，主次分明，结果生长平衡，优质、丰产的目的。

二、修剪时期

灰枣树的修剪，一般分为冬季修剪和夏季修剪。冬季修剪又称为休眠季修剪，夏季修剪又称生长季修剪。在生产上提倡生长季随时修剪，这样不但能减少养分消耗，而且整形后促进坐果的效果更好。夏剪工作做得好，冬剪工作量相对就少。

（一）冬剪　指灰枣树落叶后到萌芽前的修剪。冬剪的目的是培养各级骨干枝，调整树体结构，更新枝组等。在北方冬季寒冷、风大的地区，如新疆、甘肃、宁夏、辽宁、陕西、山西等省、自治区的灰枣区，落叶后至土壤封冻前修剪，枝条剪口容易抽干，冬剪应在3月上旬至4月中旬进行。

（二）夏剪　指灰枣树萌发后到枣果采收前的整个生长季的修剪。生长季修剪的目的是调节营养分配，避免养分无谓的消耗，提高坐果率，促进果实生长发育，以提高当年灰枣的产量和质量。

三、修剪方法

（一）冬剪方法　灰枣树冬剪就是利用疏除、短截、回缩、开张角度等技术，对结果树进行精细修剪，对衰老树进行更新复壮。常用手法有短截、疏枝、回缩、缓放、拉枝、撑枝、落头等。

1. 短截　对枣头一次枝或二次枝剪掉一部分的修剪方法(图7-8)。在生产中,根据短截的长短不同又分为轻短截、中短截、重短截3种。对枣头不同程度的短截所表现的修剪反应也不同:轻短截可抑制枣头生长,俗称"一剪堵";在对枣头一次枝轻短截的同时,对剪口下的第一个二次枝保留1节短截,可促进延长生长,俗称"二剪放"。

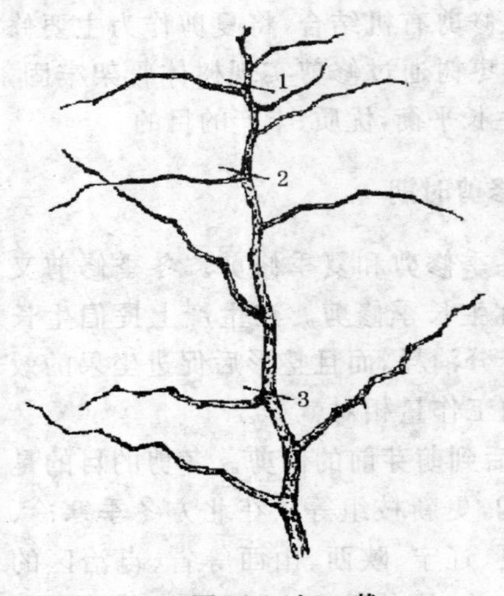

图7-8　短　截
1. 轻短截　2. 中短截
3. 重短截

2. 疏枝　疏除交叉枝、竞争枝、重叠枝、过密枝可改善通风透光条件;疏除病虫枝、纤弱枝可减少病虫源,增强树势(图7-9)。

3. 回缩　对冗长枝、老弱枝、下垂枝的修剪,可增强枝条后期的生长势,集中养分,以利更新。一般在斜向上分枝处回缩(图7-10)。

4. 缓放　对枣头一次枝进行修剪,枝条缓放可促使二次枝健壮,有利于提前结果。一般对骨干枝的延长枝进行缓放,可使枣头主芽继续萌发生长,以利于扩冠。

5. 刻伤　在2年生枝和多年生枝的侧生主芽上方,去掉二次枝后,在芽上方约1厘米处用刀刻长1厘米左右、宽1～2毫米的月牙形伤口,深达木质部,可刺激主芽萌发新枣头(图7-11)。

6. 拉枝、撑枝　用人工方法改变枝条生长方向(图7-12,图7-13)。在生产上,用木棍、铁丝、绳等撑、拉枝到一定角度,使枝条角度开张,可控制枝条长势,改善树体内膛光照。

7. 落头　对中心干在适当的高度截去顶端一部分长度，以控制树高，改善树冠光照条件。一般落头回落到中心干的分枝处。

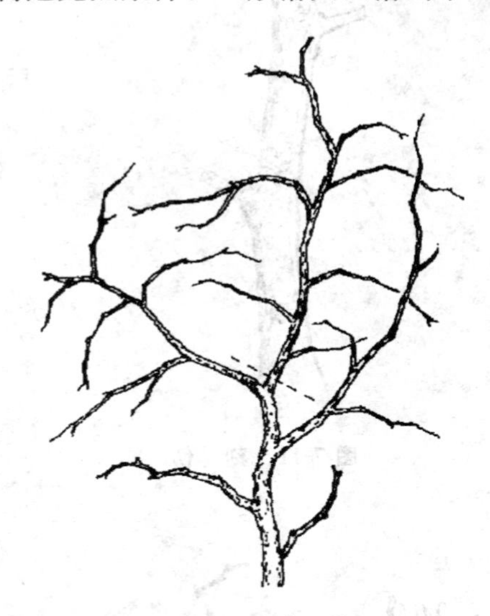

图 7-9　疏　枝

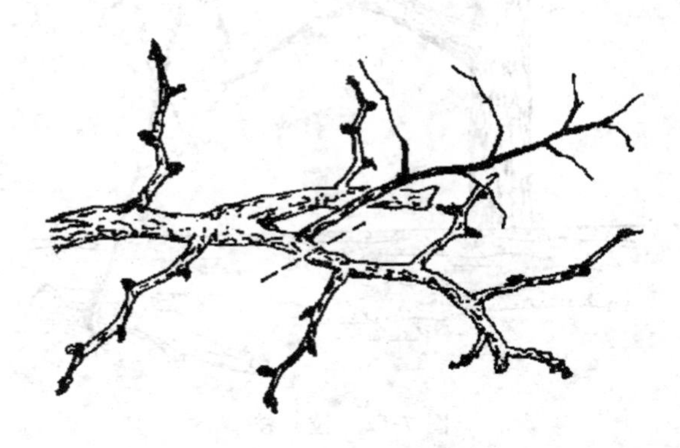

图 7-10　回　缩

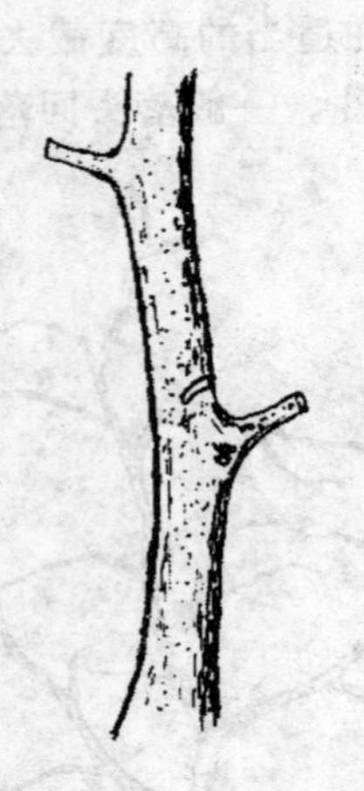

图 7-11　刻　伤

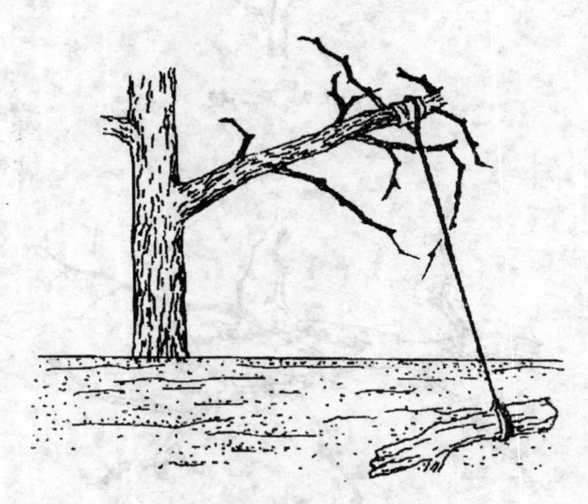

图 7-12　拉　枝

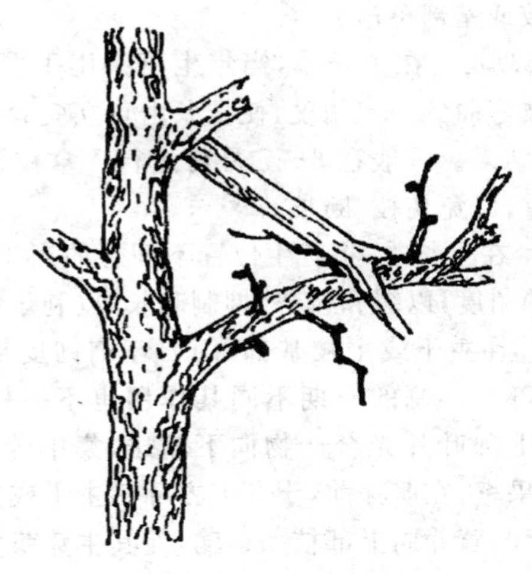

图 7-13　撑　枝

(二)夏剪方法　夏季修剪一般有 2 个修剪时期，一个是 4 月下旬至 5 月上旬枣树萌芽抽枝期，以强摘心和抹芽为主，减少养分消耗，保持适当枝叶量；另一个是 5 月下旬至 6 月中旬枣头生长高峰期过后至盛花期，以疏枝、摘心、扭枝、曲枝为主，以调节生长与结果的关系，调整枝条角度，缓和树势，提高坐果率。常见的夏季修剪方法有：抹芽、摘心、拿枝(曲枝)、扭枝、环割、环剥、砑枣等。

1. 抹芽　灰枣树生长季把各级骨干枝上及枝组上萌发的无用的芽及时从基部抹除，以减少枣树营养无效的消耗。

2. 摘心　在枣树生长前期，把当年新生枣头顶端截去一部分就是摘心。枣树摘心依据摘心的枝条分为枣头摘心、二次枝摘心、木质化枣吊摘心。枣头摘心依据其摘心强度又分为轻摘心、中摘心、重摘心、极重摘心。轻摘心在枣头长出 6 个以上永久二次枝时进行；中摘心在枣头长出 4～5 个永久性二次枝时进行；重摘心在枣头长出 1～3 个永久性二次枝时进行；极重摘心只保留枣头下部脱落性二次枝或基部枣吊。

3. 拿枝、曲枝　在生长季，当年生枣头用手握枝条基部或中下部轻轻将枝弯曲到一定角度，使枝条由直立变为水平生长，缓和生长势，以利结果。一般在6～7月份进行。拿枝、曲枝时注意拿（曲）枝的轻重，以免伤枝、断枝。

4. 扭枝　在生长季，将着生位置不理想的当年生枣头枝软化扭转为合适的角度，以缓和枝势，抑制旺长，以利于结果。

5. 环割　在主干或主枝基部，用刀环割韧皮部1～2圈或多圈，深达木质部。环割的时期不同其作用也不一样：在盛花期环割，可阻断地上部叶片光合产物向下输送，集中养分供应开花结果，以提高坐果率；在萌芽前，于芽上方环割主干或主枝，切断芽体下方树体贮存的营养向上部枝条运输，促其主芽萌发。

6. 环剥　又叫开甲，在盛花期对灰枣树主干或骨干枝进行环状剥皮。剥皮宽度相当于干径的1/10，剥下韧皮部，露出木质部。目的是阻止地上部分养分向下运输，缓和枝叶生长和开花坐果竞争营养的矛盾（详见第九章）。

7. 砑枣　在盛花期，用砑枣斧砍断树干韧皮部，切断筛管，阻止叶片制造的有机营养向根系运送，降低根系营养水平，减弱根系向枝叶运输水分和养分的能力，抑制枣树旺长，提高坐果率（详见第九章）。

第三节　不同龄期灰枣树的整形修剪技术

一、幼树的整形修剪

（一）修剪原则　在营养生长期，整形修剪要着重整形，扩大树冠；促发分枝，去弱留强；疏截结合，培养枝组。在生长结果期，整形修剪要整体促进，局部控制；开张角度，缓和树势；摘心抹芽，控制生长。幼树期整形修剪应偏重于树形的培养，使其形成合理牢固的树体结构，适度轻剪，加速树冠早日成形。

（二）修剪方法　幼树的整形修剪依据其栽植方式、密度、立地条件、管理水平等因素选择不同树形，不同的树形采用不同的整形方法。

1. **树形培养**　定植当年或翌年定干，定干时间应在早春萌芽前进行。定干后应将剪口下的第一个二次枝从基部剪除，以利于将主干上的主芽萌发的枣头培养成中心领导枝。接下来选择3～4个二次枝各留1～2节进行短截，促其萌发枣头，培养第一层主枝。对第一层主枝以下的二次枝应全部保留，作为辅养枝，制造养分加速幼树的生长发育。定干高度依据栽植密度而定，一般为40～80厘米。

2. **主、侧枝的培养**　灰枣树定干后的第一年，应选一生长直立强壮的枣头作为中心领导枝，在其下部选3～4个方位好、角度适宜的作为第一层主枝。翌年，中心领导枝在距第一层主枝60～80厘米高处进行短截并剪除剪口以下第一个二次枝，利用主干上主芽抽生新的枣头，继续作中心领导枝。接着再选和第一层错落着生的2～3个二次枝，各留2～3个芽短截，培养第二层主枝。并在第一层主枝上距中心干50～60厘米处的一侧二次枝保留1节短截培养侧枝。以后，以同样的方法培养第三层以上主枝和侧枝。

3. **结果枝组的培养**　结果枝组的培养总的要求是：枝组群体左右不拥挤，个体上下之间不重叠，并均匀地分布在各级主、侧枝上。随着主、侧枝的延长，以培养主枝的同样手法，促使主枝和侧枝萌生枣头。再依据空间大小、枝势强弱来决定结果枝组的大小和密度。一般主、侧枝的中下部，枣头延伸空间大，可培养大型结果枝组。当枣头达到一定长度之后，及时摘心，使其下部二次枝加长加粗生长。生长势弱、达不到要求的枣头，可缓放1年进行。主、侧枝的中上部，枣头延伸空间小，为保证通风透光条件、层次清晰,应培养中型枝组。生长弱的枣头,可培养3～4个二次枝的小型枝组,安插在大、中型枝组间。多余的枣头应从其基部剪除,以节约养分,防止互相干扰。以后随着树龄的增大,主、侧枝生长,仍按上述方法培养不同类型的结果枝组。

二、结果期树的整形修剪

(一)修剪原则 冬剪和夏剪结合,调节营养分配;抹、摘、疏、截结合,维持良好的树体结构;枝组培养与更新结合,均衡生长与结果。结果期树修剪的重点是最大限度地延长结果年限,长期保持较高的结果能力。

(二)修剪方法 结果期树的整形修剪主要做到控制树冠,清除徒长枝,合理处理竞争枝,回缩延长枝,培养结果枝(组),剪除病虫枝并在园外集中销毁。

1. 控制树冠 树冠整形完成后,要根据行间、株间、枝间空间的大小,合理调控树冠的大小。若有空间生长,主、侧枝的延长枝可继续延长生长,否则要控制其生长,防止郁闭。控制树冠的方法是:多缓(放)少剪(短截)、多抹(抹芽)少留(保留枣头枝)、多重(重摘心)少轻(轻摘心)。具体就是:缓放延长枝,重摘心或抹除枣头枝,同时对于枣头枝要根据空间的大小而培养结果枝组,可有效控制主、侧枝的扩张,控制树冠的大小。

2. 处理竞争枝 结果初期枣树营养生长略占优势,延长枝顶部常萌发2个枣头,并生生长,平行延伸,二次枝夹角较小且二次枝多交叉生长。冬剪时应选择适宜的枣头作为延长枝,将另一个从基部疏除。

3. 清除徒长枝 进入盛果期,通过控冠修剪和连年结果树冠主、侧枝趋于水平或下垂。在主、侧枝的弓背处,多萌发延长性枣头,这种枝生长快、生长势旺、消耗营养多,若任其发展,可形成"树上树",引起内膛郁闭,影响通风透光,在修剪上应及时疏除。同时,从展叶到开花应连续抹芽,多次疏枝,以维持合理的树体结构。

4. 疏除过密枝和细弱枝　进入盛果期,结果枝组趋向下垂,造成枝条交叉、重叠。因此,在修剪上要及时疏截向上生长的枝条和结果能力低的枝条,改善光照条件。同时,在树冠的外围也常萌生许多细弱的发育枝,且不长二次枝,形成"光秃枝"。夏剪或冬剪时,应及时疏除,减少养分消耗,以利结果。

5. 回缩延长枝　灰枣树进入更新结果期,枝条角度开张,弯曲下垂,弯曲处易萌发新枝(枣头),应根据空间的大小及时摘心。最外端要保留向上生长的二次枝,并在冬剪时从新生枣头处将下垂部分剪除,以抬高枝条角度,恢复枝势。

6. 剪除病虫枝　在枣树结果期,对于病虫危害严重、无法恢复、没有利用价值的枝条,在夏剪或冬剪时疏除,并集中烧毁,以减少病、虫源。

7. 更新结果枝(组)　在结果更新期,对各骨干枝萌发的新枣头,要根据空间的大小、枝势的强弱,确定其是否有利用价值。若有利用价值的可继续培养成结果枝组,否则疏除。对于各类枝组顶端萌发的枣头要及时疏除。枝组上部二次枝的枣股萌发的枣头,一般长势弱,不宜保留利用。从枝组基部二次枝的枣股上萌发的枣头,一般生长健壮,可用以枝组更新。衰老枝组中下部潜伏芽萌发枣头枝,一般长势好,应多培养利用。

三、衰老期树的整形修剪

(一)修剪原则　根据树势、枣股老化状况和树龄灵活运用疏、截、缩、留、刻等不同的修剪方法,处理主、侧枝及结果枝组,促使潜伏芽萌发更新,重新形成树冠。对主、侧枝分批分期更新,长远利益和当前效益要统筹兼顾。

(二)修剪方法　衰老期树的修剪方法是回缩。首要任务是对树体的全面更新。根据更新程度的不同,衰老期树的修剪更新可分为轻更新、中更新、重更新；根据更新枝的不同分为主、侧枝更新和结果枝组更新。

1. *主、侧枝更新*　一般采用逐年分批更新的修剪方法，每年更新1～2个主枝。在冬季修剪时将要更新的主枝从距主干20～30厘米处锯断，伤口用杀菌剂涂抹，塑料布包扎，保温保湿，以促进伤口愈合。主枝上隐芽当年可萌发1～1.5米的新生枣头，2～3年可形成新的主枝。对衰老较轻的树，采取对骨干枝部分回缩、抬高主枝角度的方法，以增强生长势。同时，通过短截、回缩、疏枝等修剪措施的综合运用，使树冠保留合理枝量，以便尽快恢复树势。此外，衰老树更新修剪要尽量选在有生命力、向外生长的壮股处锯除骨干枝，刺激枣股萌发的枣头枝不仅健壮而且开张角度好。更新树冠还要注意各级骨干枝的从属关系，在加强树体管理的基础上，采用不同的修剪技术，调整好枣头的生长方向，合理配置各级骨干枝，使树冠提早形成，恢复产量。

2. *枝组更新*　进入衰老期的枝组，选择在其中下部适宜的位置短截二次枝，促发枣头；对于在枝组下部由潜伏芽或二次枝下部枣股抽生的健壮的枣头，培养1～2年后，剪除枝组梢部，以新换旧代替原枝组；对于衰老枝组附近萌生出健壮的枣头，可进行摘心培养成新枝组；对于衰老枝或枝组后部没有新生枣头枝的，也可用回缩和刻伤的办法，促生枣头，以利更新。

第四节　放任低产树的修剪技术

在灰枣老枣区和零星栽培区，许多灰枣树没有及时整形修剪，造成树体主从关系不清，树冠紊乱，树势衰弱；枝条生长量小，枣股老化，抽生枣吊能力低，枝条过多或残缺不全，枝条先端下垂、衰老；树体内膛光秃，结果部位外移，结果少，产量低，品种差。在生产中，常见的有枝条过多的低产树和枝条过少的低产树。

第七章　灰枣树的整形修剪技术

一、枝条过多的低产树的修剪

(一)修剪原则　在加强水肥管理的基础上,应按照"因树修剪、因枝定剪;随树作形、形趋合理"的修剪原则处理好营养生长与开花结果的关系,调整好各级骨干枝的级次,改造好各级骨干枝及结果枝组,以恢复树势,提高产量。

(二)修剪方法　对生长衰弱、下垂、干枯的骨干枝、死亡的结果枝组和内膛光秃的骨干枝,要适当回缩、短截。一般回缩至生命力较强的壮股、壮芽处。若剪口遇有二次枝时,可将二次枝从基部疏除,促其萌发新枣头;因树势过弱、枣股过于衰老,回缩后当年不能抽生新枣头,但可使枣股复壮、抽生的有效枣吊增多,翌年抽生新枣头。同时,要疏去过密、过衰又无发展前途的骨干枝和结果枝组,打开树冠层次,改善通风透光条件。

疏截内膛的并生枝、重叠枝、交叉枝、徒长枝、细弱枝、病虫枝,保留位置适当的健壮枝,改造成结果枝组。一般对3年以上的有合适位置的枝条进行回缩,复壮其下部的二次枝及枣股,培养成结果枝组。生产实践证明,大枝回缩后,萌生枣头效果明显,灰枣树平均回缩1个大枝,2年内可先后抽生出健壮枣头3～5个,短截的枣头二次枝有30%～60%抽生出健壮枣头,对长而瘦弱的枝条短截、回缩后,2年内可复壮。

二、枝条过少的低产树的修剪

(一)修剪原则　在加强水肥管理、提高树体营养水平的前提下,按照"因树修剪、量枝用剪、缩截结合、扶弱培强"的原则,适当改造骨干枝,合理更新结果枝,科学培养有用枝。以恢复树冠,提高产量。

(二)修剪方法　根据树龄、树势,合理运用疏、截、缩、留等修剪措施,科学处理主、侧枝和结果枝组,促使潜伏芽萌发新枝,重新形成树冠。对一些大枝光秃严重、中下部没有可用的二级骨干枝的树体,可选出4～5个主枝进行重回缩。锯口下如没有分枝,要先保留1个直立或斜生的枣拐,并从基部选择一个方向适宜的枣股处短截作为剪口枝。大枝回缩以轻为好,回缩重的话,树势恢复慢,伤口大,不易愈合。同时又刺激重,萌芽多,消耗养分。注意锯除骨干枝的剪口要削平,用油漆封口或塑料布包扎,以免风干龟裂。

对于过长、过弱枝要进行适当回缩。生长势一般的枝条暂时不做处理,以便增加枝叶量,制造养分。对大枝光秃不太严重的,保留主、侧枝,对小枝进行回缩复壮,保留原有枝组。并在适当的位置刻伤大枝,刺激潜伏芽萌发,抽生新枝,作为以后侧枝或枝组的更新枝。这样修剪轻,留枝多,树冠恢复快,当年还有一定产量。

在生产中,将先端衰老的大甩枝截去1/3～1/2,2年后就可培养新生枣头2～3个,经撑、拉枝等措施后开张角度,控制营养生长,即能维持较好的树体结构。

第八章　灰枣树的高接换种和树体保护技术

第一节　灰枣树的高接换种技术

灰枣树高接换种，就是对原有品质较差、市场竞争力不强、经济效益不好的枣树品种，利用嫁接的手段进行品种改良的方法。方法简便，容易操作。高接后树势恢复快，结果早，产量高，效益好，是老枣树更新改造的一项重要技术措施。

一、高接的时期与方法

灰枣树高接换种，一般在萌芽前后进行。嫁接方法多采用劈接和插皮接，在风大的枣区，如新疆地区，不宜应用插皮接，以防风折。对于树干较高、树干光秃部位过长的，可采用皮下腹接，嫁接后对嫁接部位要及时用塑料薄膜包扎，捆绑严实，以防接口失水，影响成活。无论采用何种嫁接方法，接穗的芽应向外侧，以利树形培养和树冠的扩张。

二、高接成活后的管理

（一）除萌　高接后，接口以下部位潜伏芽受刺激后大量萌发，对于萌芽要及时抹除，以防止营养的无谓消耗而影响嫁接成活率和接穗萌生后枣头枝的正常生长。要经常剪除、连续抹除萌蘖。

（二）松绑　高接后，由于营养供应充足，接穗萌生的枣头生长较快，因此应注意在接口完全愈合后，及时解除包扎物，进行松绑，以防止包扎物（塑料薄膜）勒入接口部位，妨碍萌枝的正常生长。但在塑料薄膜不影响接穗及树体生长时，可暂时不必解除。这样既利于伤口愈合,又可防止害虫进入蛀食为害。

(三)绑支柱 高接后抽生的枣头生长很旺盛,而接口的愈合组织又很幼嫩,新梢极易被风折或发生机械损伤。因此在新梢生长到10～20厘米时,需绑一竹竿或木棍,帮扶新生枣头,以防风折。竹竿或木棍下部一定要绑牢,不能松动,上部捆绑高接萌发的新梢时要松,以免影响枝梢发育。冬季修剪时可以把支柱去掉。

(四)水肥管理 高接成活后,枣头迅速生长,应及时浇水、施肥、补充营养,促进枣头健壮生长。尤其是嫁接后1个月内应避免干旱,要加强水肥管理,秋季增施有机肥。

(五)修剪 高接成活的当年夏季,根据枣头生长的方向、位置,适时摘心。注意从属关系,要主次分明。作为主枝的应多留二次枝,其他枝要少留二次枝。一般主枝留6～8个二次枝摘心,其他枝留4～5个二次枝摘心。当年冬剪要以轻剪少疏为原则,对主、侧枝头从饱满芽处剪截,注意剪口下的第一个二次枝保留向外生长。对于其他高接枝,应控制它的生长,促其早结果,以果压枝。

(六)其他管理 高接树当年伤口未完全愈合,愈合组织幼嫩,应加强对病虫害的防治工作。切口、接口、新梢均应注意观察,搞好防治。山地、丘陵枣园要做好水土保持,枣树高接须加强综合管理。

三、高接换种注意事项

(一)因树作形,随枝高接 高接时,要对原树体进行改造,但必须因树作形,随枝高接,不能强求树形,防止大锯大砍;中心干、主枝、侧枝要主从分明,有目的地进行选留、培养。

(二)短留小枝,腹接补空 着生在骨干枝上的小枝,除疏除过密枝外,尽量保留进行高接,以增加枝量。小枝一般保留8～10厘米,尽量靠近主、侧枝,以利于以后更新。对内膛光秃少枝的,也可进行腹接补空,充实内膛,为高接树丰产创造条件。

（三）整株高接，注意方向　高接时要注意接口部位枝条的粗度。一般以直径不超过5厘米为宜。直径在5厘米以上的宜采取多头高接的方式，把接穗接在适宜粗度的枝条上。接口方向宜选在迎风面。接口直径在3厘米以上的，可接两个接穗，以利早日愈合。此外，高接换种对全园灰枣树而言，可分步实施，逐年完成。但对整株枣树则要求一次完成，以保证更换品种的正常生长和结果。

第二节　树体保护技术

一、刮树皮

刮树皮是灰枣树冬季管理的一项技术措施，灰枣树老皮是许多病菌、害虫的越冬场所。同时，由于树皮增厚缺乏伸展性，妨碍树干加粗生长，树体易早衰，故在管理上要及时刮除老树皮，并集中烧毁，既能促进树体生长，又能防病治虫。

刮树皮多在休眠期进行，一般在灰枣果实采收后至土壤封冻前或土壤解冻后至灰枣树萌芽前两个时期进行。刮皮一般使用专用刮皮刀，要求将外层粗裂的老皮刮下，露红（韧皮部）不露白（木质部）为宜，不能刮皮过深伤及嫩皮和木质部。刮皮时应先在树下铺上一层布或报纸，刮下的树皮要及时清理干净，集中烧毁，以消灭越冬的害虫、病菌。

二、涂　白

灰枣树涂白多与刮树皮结合进行，刮完树皮后再进行涂白。涂白在休眠期进行，以秋季落叶后到入冬前为最好。涂白剂的常用配方是水：生石灰：石硫合剂原液：食盐＝10：3：0.5：0.5，也可加少量的油脂（动、植物油）。灰枣树涂白既可减少冻害，又能防治害虫及病毒，在幼树（栽植1～2年）期能防止兔害。在新疆枣区许多农民多采用此方法防止塔里木兔的为害。

三、处理病疤与树洞

如果树干出现病疤，首先用锋利刀刮除病皮，露出健康组织，然后把刮口的边缘用刀削平整，用福美胂等药涂抹病斑，再用泥包裹促其愈合。多在枣树生长期进行。

对于枣树“破肚”或其他原因造成的树洞，应及时修补，防止树洞扩大。具体补洞的方法是：首先将洞内腐烂的木质清理出来，刮去洞口边缘的坏死组织，并用0.1％升汞、1％硫酸铜溶液或5波美度石硫合剂对伤口进行全面消毒，然后用水泥∶小石粒＝1∶3比例的水泥浆填补树洞。对于较小树洞也可用木楔直接钉入将树洞填平。补洞后可以保护伤口，加速愈合，恢复树势，稳定产量。

四、清除萌蘖

在枣树生长期，枣树断根后不定芽大量萌发，在枣树根际周围形成单株或丛状的根蘖。枣根蘖消耗大量的母树营养，影响开花结果，因此除保留个别根蘖用于主干的更新外，其他应及时给予清除。清除萌蘖最好在其刚刚萌发时进行，也可在落叶后进行挖刨收集，作为根蘖苗来培育归圃苗。

第三节　灰枣常见的自然灾害及防治技术

一、旱　害

灰枣树抗旱能力相对是比较强的，俗名“铁杆庄稼”，但若长期干旱，不能满足灰枣树生长发育最低水分所需，仍会严重影响枣树生长发育和结果。

（一）旱害症状

1. 生长发育停止　由于根系长期吸收不到水分来供应地上部分生长发育所需，导致蒸腾作用大于吸收作用，使树体内水分平衡失调，造成灰枣树生长发育缓慢或停止，加速灰枣树衰老。尤其是对苗圃育苗和新发展的幼树，如长期得不到水分，往往造成苗木和幼树整株干枯。

2. 落叶、焦花、落果　在灰枣树生长季节若干旱无雨，则叶片卷曲，进而泛黄、脱落；花期干旱、焦花、无蜜，坐果率极低；幼果期干旱，导致幼果发软、皱缩、失水脱落。

3. 抗病虫能力下降　长期干旱导致树体衰弱，抗病虫能力下降。如长期干旱导致枣壁虱、红蜘蛛暴发成灾，焦叶病流行等。

（二）防治措施

第一，建园时，注意灌溉系统的建设，干旱时要及时浇水，补充水分。

第二，加强灰枣园管理，进行中耕除草，树盘覆盖等措施，保持土壤水分。

第三，给枣园喷水，增大空气湿度，减少水分蒸发，缓解部分干旱。

二、风　害

灰枣树抗风能力极强，风对灰枣树的生理作用既有利也有弊，一般微风和小风可增强蒸腾作用，促进根系吸收功能，提高光合作用和蒸腾效率，但若风速过大（风速大于 10 米/秒），对灰枣树也会造成一定的危害。

（一）风害症状

1. 枝条抽干，树体枯死　春季干热风会降低新栽幼树成活率，使幼龄灰枣树部分枝条抽干，严重的可导致幼树死亡。

2. 形成偏冠，树形难控　在多风地区，往往导致树体偏冠，树冠多偏向与风向相反的方向，迎风方向极少有枝条甚至无枝，对幼树的整形修剪造成极大困难，偏冠树形也严重影响树体正常发育，降低灰枣产量。

3. 缩短花期，影响结果　花期风害主要表现在焦花，花期缩短，严重影响授粉受精，坐果率降低。

4. 吹落枣果，折毁树冠　在灰枣果期，大风导致幼果脱落，甚至折毁树冠，尤其是阵发性的大风，对局部灰枣树损害极大，主枝风折，落果满地。

（二）防治措施

第一，建园时，要选好地形，不要在风口、风道等易遭风害的地方建园。

第二，灰枣园定植时，在苗木距地面 20 厘米处短截，并封土堆，不要定植整株苗，以免抽干死亡，降低成活率。

第三，注意根据当地特点，加强防风林和护园林的建设，并可适当矮化密植，采取低干矮冠整形，降低风速，免受损害。

第四，加强灰枣树管理。对盛果期结果比较多的树要及时吊枝或顶枝，以防折枝。对幼树和伤残树要注意加强保护，设立支柱，以免发生风折或风倒现象。

第五，灰枣树受风害后，要根据受害情况，积极保护处理，对倒树要顺势扶正，立柱支撑；对伤枝要吊起或顶枝，并捆紧基部创面，同时加强水肥管理，以便恢复树势。

三、雨　害

水分是植物体的基本组成成分，直接参与植物体内各种物质的合成和转化，也是维持细胞膨压、溶解土中矿质营养、平衡树体温度不可替代的因子。灰枣树是耐涝的树种，但水分过多，对灰枣树生长发育将产生不良影响。

（一）雨害症状

1. 树体未老先衰，形成“小老树”　水分过多，光照不足，光合作用效率显著降低，影响核糖核酸的代谢。同时，根部因积水，氧气含量降低，生长缓慢或停滞。

2. *叶片脱落，树体枯死*　灰枣树若被水淹时间过久，由于氧气的减少而抑制根系的呼吸作用，首先枝叶加速生长，体内含水量猛增，进而叶片黄化，而后枯萎脱落；根系腐烂，树冠部分枝条枯死乃至全树干枯、落叶而死亡。

3. *落花落果，影响产量*　花期若雨水过多，光照不足，气温偏低，坐果率也低。同时，光合作用降低，养分供应不足，落花、落果严重，直接影响灰枣产量。

4. *灰枣果实霉烂，影响质量*　灰枣果实近成熟时或采收后，若遇雨水过大，可导致灰枣裂果或霉烂病的发生，使大批灰枣果实浆烂，不堪食用，严重影响其质量和效益。

（二）防治措施

第一，建园时要选好园地，若在低洼易涝和水位较高的地区建园，要注意排水设施建设。

第二，灰枣树受雨害后要加强管理，追施有机肥料，以便恢复树势。

第三，成熟期或采收后多雨，应抓住时机及时喷施生石灰以防裂果的发生，采收后要注意及时烘枣或汆枣，以防霉烂。

四、雹害和冰害

在我国东北或西北的少数地区易发生雹害或冰害，华北地区偶尔发生。雹害能使新梢、枝叶、树干、花果等遭受损伤，造成落叶、落花、落果，严重时伤害树枝，使树势衰弱，影响灰枣产量。冰害能使成熟度差的枝条枯死或部分枝干折断。

雹害或冰害过后，要加强枣树树体管理，对枝干雹伤要及时喷施波尔多液，以免病菌入侵，同时要加强肥水管理，及早恢复树势。

第九章　灰枣的保花保果技术

灰枣树开花多、坐果少，自然坐果率仅有1%左右。如何促花促果，减少落花落果，发挥灰枣树的增产潜力，这在灰枣的栽培中是一项非常重要的研究课题，在生产上具有重大的现实意义。灰枣的保花保果，一要通过加强水肥管理，提高花期营养供给水平，满足树体生长和开花结果对养分的需求，促花坐果；二要通过修剪等技术措施，调节生长与结果的矛盾，提高花果发育质量，减少落花落果；三要通过花期浇水、灰枣园放蜂、喷施植物激素等方法，创造良好的授粉条件，促花坐果。根据生产实践，采取下列措施可有效地调节花期营养矛盾，改善花期营养水平，明显地提高坐果率。

第一节　枣头摘心

枣头摘心是一项传统的保花保果技术措施(图 9-1)。其原理就是剪掉枣头顶端的主芽，消除顶端优势，控制枣头生长，减少嫩枝对养分的消耗，缓和新梢和花果之间争夺养分的矛盾，把叶片光合作用所制造的养分尽量用于开花结果和二次枝复壮，促进下部二次枝和枣吊的生长，加快花芽分化及花蕾的形成，促进当年开花坐果。

枣头摘心可根据不同的栽培要求分为轻摘心、中摘心、重摘心和极重摘心。轻摘心一般是萌芽后 30～40 天，新枣头长到 70～80 厘米、具有 6～8 个二次枝时摘去顶心，时间约在盛花期(6 月上旬)；重摘心是在萌发后 10～15 天，新梢出现 2～3 个二次枝时摘去顶心。采取哪一种摘心措施要根据实际情况确定，一般是在土壤肥力好、管理水平高、枝条空间大、栽培密度小时，采取轻摘心。反之，则宜采取重摘心。

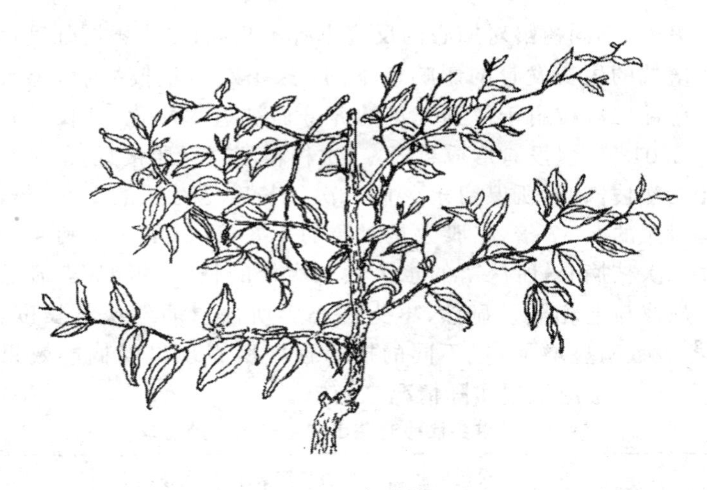

图 9-1　枣头摘心

在生产中，不同摘心强度、不同摘心时期对枝条的生长发育和灰枣树的开花结果会产生不同的影响（表 9-1）。重摘心枣头基部脱落性二次枝形成木质化枣吊，坐果数比不摘心增加 1.74 倍；留 2 个永久性二次枝摘心的果数比不摘心增加 3.4 倍；留 3 个永久性二次枝摘心的果数比不摘心增加 1.19 倍。显然留 2～3 个永久性二次枝摘心坐果较好、产量最高。

表 9-1　不同摘心强度对结果的影响

处　理	脱落性二次枝		永久性二次枝		枣果总数	比　值
	个数	果数	个数	果数		
保留脱落性二次枝	3.75	26.9	0	0	26.9	274.5
留 2 个永久性二次枝	3.2	5.3	2	37.8	43.1	439.9
留 3 个永久性二次枝	3.3	4.2	3	30.2	34.4	351.02
留 4 个永久性二次枝	3.27	3.1	4	18.4	21.5	219.4
不摘心	3.1	1.7	7	8.1	9.8	100

另外,不同树龄对摘心的反应也各不相同;枣头不同强度摘心对二次枝的生长发育的影响也不同(表 9-2)。重摘心后,枣头基部脱落性二次枝由于得到充足的养分而被迫木质化,其长度是对照的 2.01 倍,但没有形成枣股,二次枝粗度与对照接近;留 2 个永久性二次枝摘心,所保留永久性二次枝长度是对照的 1.91 倍,粗度是对照的 2.57 倍,枣股数是对照的 1.8 倍;保留 3 个和 4 个永久性二次枝摘心,所保留的永久性二次枝的长度、粗度、枣股数的变化规律与上相同。显然,枣头摘心后所保留的二次枝长度、粗度、枣股数明显增加,但不同的摘心强度所表现出的摘心效果不同。在生产上应根据实际情况来确定。

表 9-2　枣头摘心对灰枣树生长发育的影响

处　理	二次枝长度(厘米)	二次枝枣股数(个)	二次枝粗度(厘米)	备　注
留脱落性枝	44.5	0	0	留脱落性枝形成木质化或半木质化枣吊
留 2 个永久性枝	42.2	7.5	0.9	
留 3 个永久性枝	31.8	5.7	0.57	
留 4 个永久性枝	28.7	5.2	0.71	
不摘心(对照)	22.1	4	0.35	

不同树龄枣吊对枣头摘心的反应是随树龄增加反应明显(表 9-3)。2 年生灰枣摘心后木质化枣吊占 11%,枣吊长度 42.1 厘米,吊果比 1∶6.2,半木质化枣吊占 30%,其长度为 36.4 厘米,吊果比 1∶2.9;3 年生灰枣枣头摘心后木质化枣吊占 11%,枣吊长度 45.3 厘米,吊果比 1∶6.3,半木质化枣吊占 32%,枣吊长 37.7 厘米,吊果比 1∶3.2;4 年生灰枣枣头摘心后木质化枣吊占 13%,枣吊长度 47.5 厘米,吊果比 1∶6.5,半木质化枣吊占 29%,枣吊长 38.1 厘米,吊果比 1∶3.4。由此表明,树龄越大摘心反应越明显,表现为木质化、半木质化枣吊越多,坐果率越高。

表 9-3 不同树龄灰枣枣吊对摘心反应

树龄	枣吊数	一般枣吊			半木质化枣吊			木质化枣吊		
		数量（个）	长度（厘米）	吊果比	数量（个）	长度（厘米）	吊果比	数量（个）	长度（厘米）	吊果比
2年生	210	124	26	1∶029	63	36.4	1∶2.9	23	42.1	1∶6.2
3年生	301	172	33	1∶0.61	95	37.7	1∶3.2	34	45.3	1∶6.3
4年生	420	242	35	1∶0.63	122	38.1	1∶3.4	56	47.5	1∶6.5

第二节 环剥与砑枣

环剥又叫开甲，是河北、山东、山西等省的灰枣区采用的一项提高灰枣树坐果率的技术措施，而砑枣则是河南省新郑枣区一项传统的保花保果技术。二者原理一样，方法不同，都是通过切断韧皮部组织或筛管，使叶片制造的光合产物短期内不能向下运输，地上部营养相对增加，有利于花芽分化和开花坐果对养分的要求，从而减轻落花落果，提高坐果率。

一、环剥(开甲)

(一)开甲时期 灰枣树的开甲一般在6月上中旬的盛花初期进行。此时开甲，坐果率高，成熟时灰枣果大、色泽好、含糖量高。开甲过早，愈合早，则效果不明显，越早效果越不好。如果盛花期时气温较低，达不到花朵坐果要求温度的下限，可把开甲推迟到温度达到要求后再进行，以稳定产量。

（二）开甲方法 幼树首次开甲部位应在主干距地面20厘米左右的树皮光滑处进行。翌年在离上年甲口上部5～8厘米处进行。每年依次上移，到主枝分枝处再回剥。近几年，在生产实践中，为防止甲口不愈合而造成的树体死亡，多采取在主枝上进行，每年保留1个主枝不开甲，作为辅养枝制造养分供树体生长。开甲时，先在开甲部位绕树干1周，将老树皮扒去，形成1圈宽3～5厘米的浅沟，深度以露红不露白（韧皮部）为度。再用刀按一定宽度绕树干切2圈，上面1圈使刀与树干垂直切入，下面1圈使刀与树干成45°角向上切入，深达木质部，将上、下切断的韧皮部剔出，形成上直下斜的甲口即可（图9-2）。在生产中，幼树多采用专用环剥刀进行开甲，简单易行，效果好。

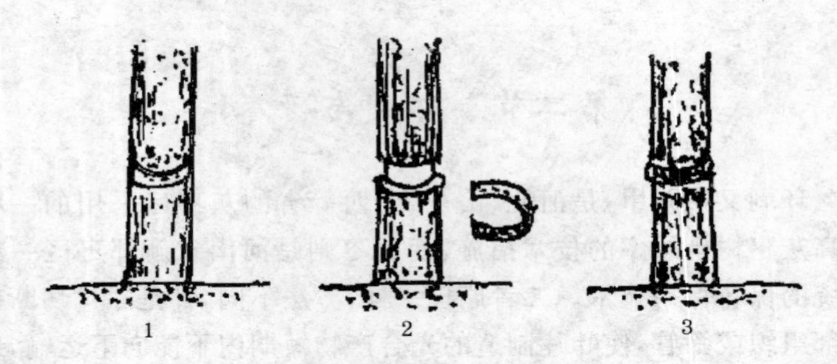

图9-2 主干开甲

1. 主干环切2圈 2. 取下韧皮部 3. 甲口愈合

（三）甲口的宽度 甲口的宽窄要根据树龄、树势和管理水平而定。一般以树干直径的1/10或1个月内能完全愈合为度，开甲深度达木质部，不伤木质部为宜。甲口宽窄要一致，切断所有韧皮部，不留一丝。

(四)开甲注意事项

1. **把握时机,注意树势**　灰枣树开甲要掌握好开甲时间,过早或过晚均不能取得理想效果,要做到适时开甲。同时,开甲时要注意树势的强弱,树势强宜开甲且甲口可适当宽些,树势弱不宜开甲或甲口适度窄些。

2. **甲口要平滑,宽度要适宜**　开甲工具要锋利,刀口要平滑,剥口不留余皮,不出毛茬,以利愈合。甲口宽度要适宜,甲口太窄则愈合早,起不到提高坐果率的作用;甲口太宽则愈合慢,甚至不能愈合,造成树弱、落花落果重。

3. **加强保护,防止虫害**　开甲后不要用手触及甲口部位的形成层,注意甲口的保护和防止甲口虫为害。一般是用涂药、抹泥或绑塑料薄膜等方法进行甲口保护。涂药方法是开甲后立即在甲口内涂杀虫剂或专用保护剂;甲口涂泥是在开甲 15 天后,用药泥(杀虫剂+泥土混合制成)将甲口抹平,既防治甲口虫又保湿;缠塑料薄膜在开甲后立即进行。此外,一旦发现开甲过度或叶片不正常,应立即加强水肥管理,给予补救。

二、砑　枣

(一)砑枣时期与次数　砑枣时期从灰枣的盛花期到末花期(6 月上旬至 7 月初),每隔 3～5 天砑枣 1 次,整个花期砑枣 3～5 次。

(二)砑枣工具　砑枣工具是特制的专用工具——砑枣斧(图 9-3),一般斧头长 16～18 厘米,斧口宽 2.5 厘米,斧柄长 30 厘米左右,斧重 500～550 克。

(三)砑枣的方法　砑枣从主干距地面 30 厘米部位开始,每次逐渐上移,到末次高达 60～70 厘米。砑枣时,砑枣人员左手扶树右手持斧,自下而上,逆时针方向砑。同时,砑枣时,斧要端平,垂直于树干切入,入皮深度以切伤韧皮部、不伤木质部为宜。树上斧口的纵横距,因树势、树龄等而不同,一般横距 2 厘米、纵距 2.5 厘米，每次砑3行，使其相互交叉呈“品”字形排列。当绕树干1周时，砑枣即可完成。下次再砑时也为3行，应接上次砑痕向上排列进行（见图9-3）。

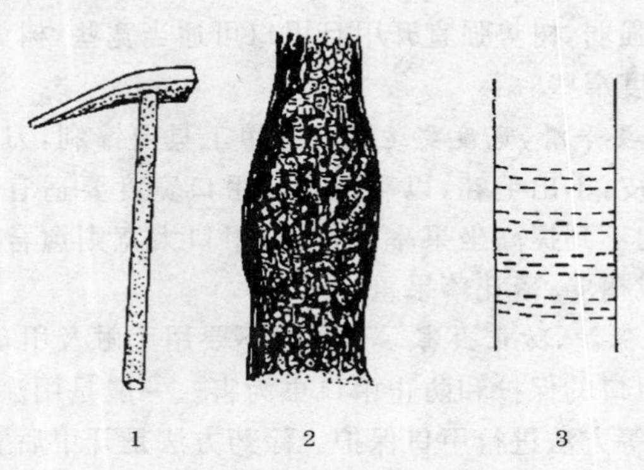

图9-3　砑枣斧和砑枣痕

1. 砑枣斧　2. 多年砑枣痕　3. 斧口排列示意

（四）注意事项

1. *方法要得当，深度要适宜*　砑枣时斧要端平而稳，深度合适。若斧口向上，效率低、易剥皮。斧口向下，往往深达木质部，伤口易积水和被病虫危害，造成溃烂而形成树洞。若斧口过深，砍断导管，影响水和氮素物质输送，易削弱树势。

2. *因树砑枣，因天砑枣*　主干粗小于8厘米的幼树和老、弱、病、残树不砑；当年无花树不砑；干旱天，大风天，下雨天不砑；肥水调节差，管理水平低的枣园要轻砑；生长旺盛的初果树，盛果树要重砑。

3. *砑口间距要适宜，切莫过小伤树体*　砑枣时，各斧口的纵横间距要保持一定距离，上、下3斧要呈“品”字形排列。若斧间距过小，大量切断韧皮部的筛管，伤口得不到愈合，长期阻碍叶片制造的光合产物向根系输送，使根系营养状况下降，吸收肥水能力减弱，向枝叶输送的水分和养分也相应地减少，树势也将严重衰弱，从而导致大量的落花落果。

第三节　花期喷水和灌溉

灰枣树花粉的发芽，需要较高的空气相对湿度，开花坐果也需要充足的水分供应。灰枣花粉发芽最适宜的空气相对湿度为70%～80%。当土壤水分不足、空气相对湿度低于40%～50%时，不利于花粉发芽，严重影响坐果率。在北方枣区，枣树花期常遇高温、干旱天气，易出现"焦花"。实践证明，在灰枣树花期进行灰枣园灌溉和喷水，可补充各器官对水分的需求，改善枣园的空气相对湿度，有利于花芽分化、提高坐果率。一般正常年份喷水2～3次，干旱年份可喷3～5次。每隔1～3天喷水1次，1天中喷水时间以傍晚(下午6时以后)为好。花期喷水效果与当年花期干旱程度及喷水量有关，干旱较严重的年份喷水次数和喷水量要适当增加。在新疆枣区，长年干旱少雨、空气相对湿度较小，花期白天高温，有时达40℃以上，蒸发量是降雨量的几十倍，甚至几百倍，树冠喷水作用较小，多采用灰枣园大水漫灌，以增加空气相对湿度，提高坐果率。在生产实践中，灰枣园花期喷水常与病虫防治、叶面喷肥相结合。

第四节　枣园放蜂

灰枣的花为虫媒花，花蜜丰富、香味浓，蜜蜂是最好的传粉媒介。灰枣园花期放蜂既能帮助授粉、提高坐果率，又能采集花粉和酿蜜，增加经济收入。灰枣园花期放蜂可提高坐果率1倍以上，增产效果非常明显。距蜂箱越近的枣树，坐果率越高，灰枣园放蜂的数量与灰枣园的面积和每箱蜂的数量以及蜜蜂的活力有关。一般应将蜂箱选在枣园附近地势开阔的向阳平地，也可放在枣树行间。

蜂箱间距不超过300米，一般以每公顷枣园放2～3箱为宜。蜜蜂在11℃开始活动，16℃～29℃时最活跃。如花期风速大，温度低或降雨时，蜜蜂活动少、效果差。在灰枣园放蜂期间，要严禁使用高毒农药，以防毒杀蜜蜂。

第五节　喷施植物生长调节剂

灰枣树的开花、授粉、受精、坐果，是树体自身内源激素的分泌水平决定的。树体内源激素的含量高低是决定灰枣坐果率高低的一个重要因素。生产实践证明，在灰枣树内源激素含量较低的情况下，可通过补充人工合成的植物生长调节剂来提高灰枣的坐果率。在花期喷施植物生长调节剂，可有效地调节营养物质的分配和提高营养水平，促进细胞分化，进而提高坐果率，增大果实，提高品质。在生产上常用的植物生长调节剂喷施的浓度和时期分别是：盛花期喷施10～20毫克/千克的赤霉素，可增产15%～20%；盛花期喷10～20毫克/千克的萘乙酸，可抑制果柄产生离层，减少落果。在应用上，1克赤霉素对水100升，即为10毫克/千克浓度的赤霉素溶液；40%的赤霉素1克对水50升，即为10毫克/千克浓度的赤霉素溶液。喷施植物生长调节剂生产上常用的种类和浓度见表9-4。

表9-4　灰枣树喷施植物生长调节剂的常用种类和浓度

种　类	使用浓度(毫克 /千克)	喷施时期
赤霉素	10～20	盛花期
吲哚乙酸	10～30	盛花期
苯乙酸	20～30	盛花期
吲哚丁酸	20～40	盛花期
枣丰2号	50～70	硬核期
萘乙酸	50～70	白熟期

植物生长调节剂应选择无风的天气时喷施。一般年份喷施1～2次，每次间隔7～10天。喷施以上午9时以前或下午5时以后为好，喷施数量以叶片将近滴水为度。喷施植物生长调节剂对提高坐果率的效果，与地势、肥水管理水平、气候条件等因子关系密切。一般树势强壮、肥水充足，喷后效果好；如果树势衰弱、肥水管理跟不上，喷后效果差；有的即使当时坐果率提高，但到后期由于树体营养缺乏而导致大量落果。

喷施植物生长调节剂要严格控制使用浓度和次数。若浓度过低，效果差，起不到提高坐果率的作用；若浓度过高，易出现药害、抑制内源激素的分泌，使灰枣树对生长调节剂产生依赖性，而发生"毒素症"，导致喷施浓度越来越高，喷药次数越来越多，间隔时期越来越短，如果此时停止使用则导致大量落果。"毒素症"的降解应在加强水肥管理的基础上，逐步降低植物生长调节剂的使用浓度，减少喷施次数，使灰枣树减轻对植物生长调节剂的依赖性，逐渐恢复其正常的生长发育。因此，植物生长调节剂要合理应用，适可而止，既要提高产量，又不要削弱树势，影响品质。

第六节　花期喷施微量元素和叶肥

花期喷施微量元素和叶肥，对提高枣坐果率也有一定的作用。实践证明，单一喷施0.3%～0.5%尿素或0.3%～0.5%尿素+0.3%磷酸二氢钾的混合液，能及时补充树体所需养分，喷后叶色浓绿，落花、落果明显减少。硼、锰、锌、铁、镁等微量元素对灰枣树坐果率有一定的促进作用，特别是喷硼效果更好。据试验，花期喷施0.3%的硼肥可提高坐果率20%～40%；喷施0.2%～0.3%的稀土微肥，红枣增产13%～18%。花期喷硼不仅促进枣树对无机矿物盐类和有机养分的代谢，而且能及时使灰枣树由营养生长向生殖生长转化，促进灰枣树提早开花。对于硼、锰、锌、稀土等微量元素的应用，土壤营养状况不同喷施效果差异较大。喷施前应根据树体营养诊断和土壤营养诊断分析结果，缺什么补什么。花期常用肥料种类和施用浓度见表9-5。

表9-5 花期(叶面喷施)常用肥料种类和施用浓度

肥料种类	喷洒浓度（%）	喷施时期	肥料种类	喷洒浓度（%）	喷施时期
尿　素	0.3～0.5	盛花期	硼　酸	0.03～0.05	盛花期
磷酸二氢钾	0.3	盛花期	硼　砂	0.5～0.7	盛花期
过磷酸钙	2	盛花期	硫酸钾	0.5	盛花期
草木灰浸出液	4	盛花期	硫酸铜	0.01～0.02	盛花期
硫酸亚铁	0.2～0.4	盛花期	硫酸锰	0.05～0.1	盛花期
柠檬酸铁	3.0～5	盛花期	硫酸镁	0.05～0.1	盛花期
硫酸锌	0.05～1	盛花期	稀　土	300毫克/千克	盛花初期

第十章　灰枣病虫害的综合防治技术

第一节　灰枣病害的发生与防治

一、真菌、细菌和植原体病害

（一）枣炭疽病

1. 症状　枣炭疽病属果实病害，主要危害枣果。症状表现为：在枣果感病初期，果肩或果腰出现褐色斑点，进而斑点扩大，呈黑色斑；斑外有淡黄色晕环，最后斑块中间产生圆形凹陷；病斑区果肉由淡绿色变成褐色，组织坏死，非感病区可正常着色。枣果感病后，生长量小，果肉糖分低，品质差，果肉味苦。

2. 病原体　该病病原属真菌半知菌亚门。

3. 发病规律　枣炭疽病病原菌可在枣头、枣股、残留枣吊、僵果及枣叶上越冬，借风、雨、露、雾传播。发病的早晚与轻重，与当地气候条件关系密切，若雨季早、雨量多、多雾或阴雨绵绵、枣林间空气相对湿度达90%以上时，发病早且重。

该病的发生与刺吸式口器昆虫有直接关系，传病害虫有叶蝉、椿象等。同时，树势强发病率较低，树势弱发病率高，管理粗放的枣园发病相对较重。

4. 预测预报　枣果炭疽病的初发期，以在树势衰弱的植株上或有重病史的病株上出现病果为标志，发病的早晚与雨季出现的早晚和空气相对湿度密切相关，当空气相对湿度在80%以上，则预示着始发期的到来，应及时做好防治工作。

5. 防治方法

(1)结合冬季管理，搞好枣园卫生　清扫枣林中的落叶、枯枝、烂枣，并集中烧毁或掩埋，以减少越冬病源。

(2)加强枣园土肥水管理　以增强树势，提高树体抗病能力。

(3)搞好虫害防治　应着重抓好刺吸式口器害虫的防治，降低传病昆虫密度。

(4)药物治疗　结合防治枣锈病，7 月下旬喷施 1：2：200 波尔多液兼防炭疽菌侵染枣果；8 月上旬至 9 月初喷施 12％绿乳铜 700～800 倍液 2～3 次，每隔 10～15 天 1 次。

(二)枣霉烂病

1. 症状　枣霉烂病属果实病害，多在枣果采收后发生。枣果受害后，果肉发软、变褐，进而腐烂，组织分解，有霉酸味。因寄生的病原菌不同，其上可着生白色、褐色、绿色的丝状物、针状物或霉状物，枣果不堪食用，可造成巨大损失。

2. 病原体　该病病原菌属真菌中半知菌亚门的黑曲霉菌、青霉菌、绿霉菌。

3. 发病规律　病菌孢子在空气、土壤或果实表面活动。枣果采收后，当枣果有创伤、虫伤、裂口时，病菌即可从伤口侵入，发生霉烂；若遇阴雨天、温度较高、枣果堆放一起、通风不良，可导致该病大流行。

4. 防治方法　采收时应尽量减少枣果损伤，以防止病菌的侵染。

枣果采收后，若遇阴雨天，应及时进行烘炕或氽枣处理，以减少霉烂。

(三)枣锈病

1. 症状　枣锈病属叶部病害，是危害枣叶的主要病害之一。该病的感病叶片初期背面散生或聚生凸起的土黄色的夏孢子堆，孢子堆大小不一，形态各异，多生在中脉两侧、叶尖和叶片基部。

在叶片正面对着夏孢子堆的地方出现无规则淡绿色斑点，进而呈灰褐色角斑。感病后，叶片发黄，形成离层，早期脱落。落叶先从树冠下部开始，逐渐向上蔓延，严重时可使枣叶全部落光，只留瘦小绿果挂在枣吊上，后失水皱缩，不红即落，严重影响枣树当年产量和生长发育。

2. 病原体　该病病原菌属真菌中的担子菌纲，锈菌目，栅锈菌科，层锈菌属的枣层锈菌。

3. 发病规律　病原菌主要以夏孢子堆在病落叶上越冬，也可以多年生菌丝在病芽中越冬。病原菌夏孢子借风、雨传播，该病的发生与空气相对湿度密切相关。7～8月份连阴多雨该病必然大流行，若7～8月份降雨少于150毫米，发病就轻；若降雨量达250毫米以上时，发病重；若降雨量在350毫米以上时，则锈病将大流行。据调查，低洼地、水浇地、黏土地的枣林比沙岗地上的枣林，发病早且较重。不同品种对锈病的抗性也不同，灰枣属较感病品种。

4. 预测预报　6月中下旬至7月下旬在枣林内采用孢子捕捉法(用载玻片涂上凡士林，涂凡士林面向外，每2片为1组，绳捆固定，悬挂在枣林间，每5天观察1次，统计孢子量)，并结合7月份降雨预报，测报枣锈病的发生期和流行情况。一般在上旬捕到夏孢子到下旬即有锈病发生。7月份降雨量大，锈病必然大流行。

5. 防治方法

(1)加强枣园冬季管理　清除落叶，并集中烧毁，以消灭越冬病原菌。

(2)化学防治　重病区7月下旬、8月上旬各喷1次1∶2∶200倍量式波尔多液，或绿得宝500～800倍液或保果灵300～500倍液，或12%绿乳铜700～800倍液。轻病区在8月上旬只喷1次上述任一种药剂即可收到较好的防效。

(四)枣焦叶病

1. 症状　枣焦叶病属叶部病害，主要危害叶片、枣吊。枣叶片感病后，首先叶片上出现灰色斑点，局部叶绿素解体，进而病斑呈褐色，周围淡黄色，病斑中心组织坏死，最后病斑连片形成焦叶，呈黑褐色。枣吊感病后，中后部枣叶由绿色变黄色，不枯即落。枣吊上有间断的皮层坏死，呈褐色，多数枣吊由顶端叶片首先感病，并逐渐向下枯焦。重病树枣吊感病率可达60%以上，远看像"火烧"一样，坐果率低，落果严重，有的甚至绝收，严重影响红枣的产量和品质，是枣树主要病害之一。

2. 病原体　该病病原菌属真菌中的半知菌亚门，腔胞纲，黑盘孢目。

3. 发病规律　焦叶病病原菌在枣叶、枣吊上越冬。该病的发生与流行同气温、空气相对湿度密切相关。根据试验观察，在5月中旬，枣林间平均气温21℃、空气相对湿度61%时，越冬的病原菌开始危害新生枣吊；6月中旬平均气温25℃左右，林间病叶上升到1%；7月份气温在27℃左右，空气相对湿度在75%～80%时，病原菌开始大流行，此时也是发病的高峰期。

一般情况下，天气干旱、土壤含水量低、土壤贫瘠者发病率高；水浇地、土壤肥沃的发病率低。另外，枣树焦叶病病原菌是弱寄生菌，凡是树冠内枯枝、死枝较多，尤其受天牛为害重、树势较弱的发病率高且重，反之，树势较旺的发病率较低且轻。

4. 预测预报　在5月上中旬，当枣林间气温达20℃，运用孢子捕捉法统计孢子量，然后根据孢子形态及捕捉的数，确定焦叶病的发生期及发生量，指导防治。

5. 防治方法

(1)结合冬季管理，搞好枣园卫生　清除焦枝落叶或萌芽后剪除未萌发的枯枝，并集中焚烧，以减少传染源。

(2)加强枣园土肥水管理　以增强树势，提高树体抗病能力。

(3)进行药物治疗　在发病期(6月上旬至7月下旬)，每隔15天喷1次，连喷2～3次枯叶净500倍液，即可有效控制病害的发生与流行。

(五)枣煤污病

1. 症状　该病为叶部病害，主要侵害枣树叶片、果实和枝条。其诱因是枣介壳虫若虫为害枣树后，排泄糖类粪便，引起煤污菌寄生，致使叶片、果实、枝条上布满一层黑色霉状物，严重影响光合作用，导致树势衰弱，坐果率低，有的甚至绝收。

2. 病原体　该病的病原菌属真菌中的半知菌亚门的煤污菌。

3. 发病规律　枣煤污病菌的菌丝、分生孢子或子囊孢子在病枝上越冬，病菌借风、昆虫、雨、露传播。该病的发生与枣树龟蜡介壳虫密度有关，在介壳虫孵化期，如若虫虫口密度大、空气相对湿度高，则可导致枣煤污病的大发生。

4. 预测预报　枣煤污病的预报可根据枣龟蜡介壳虫的发生情况进行测报，若龟蜡介壳虫的密度大，煤污病则必然大发生，龟蜡介壳虫的为害盛期，也是煤污病发生的高峰期。

5. 防治方法　适时防治枣龟蜡介壳虫，将其控制在经济为害范围内，则可避免煤污病的发生。

(六)枣根腐病

1. 症状　根腐病属枣树根部病害，主要侵害根颈部，主根和侧根也有发病。初发病在根颈部，呈水渍状褐色病斑，上面着生白色的绢丝状物，即菌丝体。在高温高湿条件下，菌丝层可蔓延至病株的整个根颈部及周围的地面。后期受害树根皮腐烂，叶片褪绿，提前落叶，导致枣树营养不良，产量降低，有的甚至绝收。

2. 病原体　该病病原菌属真菌中半知菌亚门的罗尔夫小核菌。

3. 发病规律　病原菌以菌丝体在病树根部或以菌核在土壤中越冬，通过灌溉水和雨水或移栽枣树等方式传播。该病多发生于低洼、土壤黏重、管理水平差、杂草丛生的枣林。

4. 防治方法

一是及时清除病原菌，并集中烧毁。

二是选择无病苗木或脱毒苗栽植。

三是加强枣园管理，及时清除林间杂草，保持枣树周围干净。可适当多施钾肥，有利于防止烂根和促生新根。

四是发现有病株时，可用刀刮除病斑，将病斑集中烧毁，并用15%抗生素402的50倍液消毒伤口。同时，将发病地面用石灰消毒。

(七)枣根癌病

1. 症状　根癌病属枣树根部病害。该病多发生在根颈部，严重时侧根、支根上也有发生。初生病瘤圆球形，乳白色或土黄色，质软光滑，随着癌瘤的增大变为褐色或棕褐色，质地坚硬，呈球形、卵形，表面粗糙、龟裂。根部受害后地上部分生长缓慢，植株矮小；苗木受害后，造林成活率低，且发育差，形成“小老树”。

2. 病原体　枣树根癌病原菌属于细菌。

3. 发病规律　根癌细菌在癌瘤表层组织或土壤内越冬，主要借灌溉水或雨水传播。另外，还可以通过嫁接、耕地传播；地下害虫也起一定的传播作用。病菌的长途运输，是该病蔓延的主要途径。在土壤温度适宜的条件下(最适温度为22℃)、盐碱地(pH值为7.3)、地下害虫多时，有利于该病发生。

4. 防治方法

一是加强苗木检疫，严格控制病苗外运。

二是归圃育苗时，将携带病瘤的根蘖苗拣出，并集中焚烧。

三是嫁接育苗时，选用无病材料(砧木和接穗)。

四是轻病株可切除病瘤，并用0.1%升汞水消毒，或用DT 200倍泥浆蘸之，以杀死病菌。

(八)枣疯病

1. 症状　枣树感病后症状主要表现为：叶片黄化，小枝丛生，花器返祖，果实畸形，根皮腐烂。

(1)根部症状　病树根部不定芽萌发，即表现出丛枝状。同一条根上可多处出现丛枝，枯死后呈刷状。后期病根皮层腐烂，从而导致全株死亡。

(2)枝部症状　病株当年新生枣头上萌生的新枝，丛状、纤细、节间短。

(3)叶部症状　枣疯病在叶部表现两种类型。一种为小叶型：叶片多发，丛生纤细，叶小，黄化似鼠耳状；另一种为花叶型：叶片呈不规则块状，黄绿不均，凸凹不平的花叶狭小、翠绿色、易焦枯。

(4)花器症状　花器退化，花柄伸长成小枝，萼片、花瓣、雄蕊变为小叶。

(5)果实症状　坐果率低，落果重，果实大小不一，多呈畸形，表面凸凹不平，着色不匀，呈花脸形；果肉组织松软，质量差。

2. *病原体*　枣疯病病原体为类菌质体，1994年在法国波尔多召开的第十届国际菌原体组织大会上改为植原体，是介于病毒和细菌之间的多形态的质粒。

3. *发病规律*　枣疯病病原体从地上部树枝侵入，主要由昆虫传播，也可借嫁接、扦插、根蘖苗等传播。该病发生与几种菱纹叶蝉等刺吸式口器昆虫的分布及虫口密度密切相关。传病叶蝉主要有：中华拟菱纹叶蝉、橙带拟菱纹叶蝉、凹缘菱纹叶蝉。据调查，距侧柏林(菱纹叶蝉主要越冬繁殖场所)越近，发病率越高且重。距侧柏林30米以内的枣林发病率达90.6%以上，50米以内的发病率达52.2%，100米以内的发病率达28.5%。同时，防治及时的集中产区，杀死了传病昆虫，发病率低；而管理粗放的、疏于防治的零星产区，则发病率高。枣林间作小麦、玉米的水浇地枣园发病率高，与花生、红薯或芝麻间作的沙岗地枣园发病率低。

另外，枣疯病的病情与树龄大小呈负相关。一般情况下，20年生的幼树发病率高且重，50～100年生的发病率低而轻。同时，管理水平也影响发病率，管理粗放、树势衰弱的枣园发病重，发病率高，集约化栽培枣园发病率低。

4. 预测预报　枣疯病的预测预报可根据枣林间菱纹叶蝉的虫口密度来预测。若菱纹叶蝉的虫口密度大，枣疯病的发病率也大，反之则小。或者定期进行林间普查，掌握病害发生情况，进行测报。

5. 防治方法

一是选用抗病品种苗木造林或用抗病品种接穗、砧木培育抗病品种。

二是在没有枣疯病的枣园中采接穗或分根繁殖，或者是采用组织培养脱毒，培育无病苗木。

三是加强检疫，控制病苗外运。

四是提高枣树管理水平。注重刺吸式口器害虫，尤其是菱纹叶蝉的防治，减少传病害虫。

五是减少病源，彻底铲除重病树、病根蘖和病枝。

六是进行药物治疗。采用河北农业大学研制的祛风1号树干输液，对枣疯病具有较好的治疗作用。

（九）枣缩果病

1. 症状　枣缩果病是枣果主要病害之一。枣果感病后，初期在果肩部或腰部出现淡黄色斑点，进而呈淡黄色水渍状斑块，边缘不清，后期病斑呈暗红色，失去光泽。病果果肉由淡绿色转为土黄色，果实大量脱水，组织萎缩松软，呈海绵状坏死，进而果柄形成离层，果实提前脱落。病果瘦缩、味苦、糖分下降。

2. 病原体　该病病原体学术界众说纷纭。中国林业科学院刘惠珍1982年报道为轮纹大茎点菌引起的真菌性病害；河南省新郑市枣树科学研究所陈贻金等1989年报道为噬枣欧文氏菌引起的细菌病害；北京林业大学曲俭绪等1992年报道为聚生小穴壳菌引起；中国农业科学院植保所徐樱等报道为半知菌亚门的3种真菌和1种细菌复合侵染所致。因此，几种真菌或细菌单独侵染或混合侵染均可引发枣缩果病。同时，也证明了枣缩果病属于一种多病原体混合侵染的病害。

3. 发病规律　枣缩果病的病原体在树体的各个部位，如枣树皮、落果、落叶、落吊、枣股及枝皮等部位均可越冬，但在越冬部位不表现症状。枣果白熟期开始发病，着色期（枣肉糖分在18%以上，pH值5.5～6时）是发病高峰期。该病的发生与气候关系密切，高温、高湿、阴雨连绵或夜雨昼晴，有利于此病流行。桃小食心虫、椿象、叶蝉、介壳虫、叶螨均可传病。此外，不同的枣品种间抗病性也有差异，灰枣为易感病品种。

4. 预测预报　在枣果白熟期，根据该病的发生要素预测枣缩果病是否流行。枣缩果病的发生流行与刺吸式口器昆虫的虫口密度和空气相对湿度呈正相关，也就是刺吸式口器昆虫的虫口密度高或空气相对湿度大，枣缩果病的发生流行也严重。同时应注意当地气象局做出的中长期天气预报。枣果成熟期阴雨天气多是当年发病严重的重要气象指标。

5. 防治方法

(1)农业措施防治　加强枣树土肥水管理，合理整形修剪，改善通风透光条件，增强树势，提高树体的抗病能力。

(2)防治传病昆虫　注意刺吸式口器害虫的防治，降低传病昆虫密度。

(3)进行药物治疗　发病期（8月上旬至9月上旬），可对树冠喷施链霉素100～140单位/毫升或50% DT 500倍液、CT 800倍液、80%的枣病克星600～800倍液进行防治，每隔10～15天喷药1次，共喷药2～3次。同时，结合治虫在药液中加入40%氧化乐果1 000～1 500倍或菊酯类农药2 000～3 000倍液，以杀死传病昆虫。

二、生理病害

（一）生理落果

1. 症状　主要表现在果实上。感病后，枣果发育不良，呈圆锥形。初期病果果核呈浅褐色，果肉发软，枣果逐渐泛黄，小头萎缩。进而枣核呈褐色，枣果小头呈红棕色，果柄形成离层，纷纷早落。生理落果的枣果瘦小、无肉，枣农俗称“干丁枣”，严重影响红枣产量和品质。

2. 病因　枣树生理落果原因学术界争论较大，现无定论。归纳起来主要有以下 4 个原因：一是生理落果由授粉受精不完全造成的。影响枣树授粉受精的因素有：花器发育不全，不能授粉受精；花期低温或干旱、多风，影响授粉昆虫活动，不利于授粉、受精；花期多雨，花药不能开裂散放花粉，不利于授粉。二是由于营养不良或营养分配失衡引起的。因幼果的生长发育需要大量营养，而此时新梢生长较快，也急需养分供应，二者发生冲突，导致枣果发育停滞而落果。三是水分不足也引起落果。幼果的生长发育和新梢生长都需大量养分，若此时缺水，叶片向果实争夺水分，导致枣果水分倒流，造成枣果干缩而脱落。四是由于生长素或内源激素失调而引起果柄形成离层，幼果脱落。

3. 发生规律　枣树生理落果的发生与传粉昆虫的种群数量有关，与枣林间传粉昆虫的种群数量成反比。若传粉昆虫种群数量多，有利于传粉，生理落果发生轻，反之则重。生理落果与树体的营养水平关系密切，花期前追施氮、磷肥或浇水均可提高枣树营养水平，对防止生理落果有显著效果。相反，花期重斫枣树或开甲，削弱树势，生理落果发生较重。若枣树花期长期干热风或多雨，温度较低，导致授粉、受精不良，落果严重。同时，因枣品种的特性不同，各品种间生理落果发生轻重差异较大，灰枣生理落果较重。

(二)枣裂果病

1. 症状　枣果近成熟时,果面裂开缝隙,果肉稍外露,继而裂果腐烂变酸,不能食用。果实开裂后,炭疽病等病菌极易侵入,从而加速果实腐烂。果面开裂轻者,在树上不霉烂,晾干后进入贮藏期,开裂处发霉腐烂。

2. 病因　该病为非寄生性的生理病害。

3. 发生规律　8月中旬到9月上旬处于白熟期的枣果,遇干旱天气,果实失去大量水分,如得不到及时补偿,就会引起果皮日灼。这种未能愈合的微小伤口,在果实脆熟期遇到降水或夜间凝露的天气,长时间停留在果面的雨露就会通过日灼伤口渗入果肉,使果肉细胞体积因吸水膨胀,果皮便以日灼伤口为中心发生胀裂。9月初以前的早熟、中早熟品种和10月份以后成熟的晚熟品种,以及中熟品种后期花形成的果实极少裂果。枣树裂果与夏季高温多雨关系密切,裂果亦可能与缺钙有关。不同枣树品种抗裂果差异显著。

4. 防治方法

(1)注意品种选择　栽植抗裂品种。

(2)及时灌溉　在枣果增长期(8月中旬至9月初)如遇干旱应及时浇灌,经常保持枣园土壤湿润,可减少裂果。

(3)树下覆盖　8月上旬雨季结束前或在早春施肥灌水后,在枣树行间覆盖地膜,然后在膜上盖土1～2厘米,保护地膜。有条件的枣园、枣行,也可覆盖麦秸、稻草代替地膜。覆草的厚度应大于8厘米,上面撒一层细土防止风刮和引发火灾。

(4)合理修剪,注意通风透光　剪除过密枝叶以利于雨后枣果表面迅速变干,减少发病。

(5)喷施钙肥　从7月下旬开始,喷施0.3%氯化钙水溶液,每隔15天喷1次,连喷2～3次,可明显降低裂果率 。

(三)枣树缺铁症

1. 症状　主要以苗木或幼树发生最为严重。枣树受害后,新生枣梢叶片呈黄色或黄白色,但叶脉仍为绿色,严重时可导致顶端叶片焦枯。

2. 病因　该病主要是由于缺铁所致。当土质过碱和含有多量碳酸钙时,可溶性铁就成为不溶状态,导致枣树无法吸收。

3. 发生规律　枣树缺铁症多发生在盐碱地或石灰质过高的地方;土壤过湿或过于干旱,易表现缺铁症。

4. 防治方法

(1)农业措施防治　增施农家肥,改善土壤理化性质,使土壤中铁元素呈可溶性,以利植株吸收。

(2)进行药物治疗　在生长期用3%硫酸亚铁灌根或树冠喷施0.4%硫酸亚铁溶液,均有良好效果。也可在发芽前树干注射1%硫酸亚铁溶液,一般每株树注射量为200～1 000毫升。

第二节　灰枣虫害的发生与防治

一、果实害虫

(一)桃小食心虫　又名桃蛀果蛾、食心虫、钻心虫、桃小(图10-1)。属鳞翅目,蛀果蛾科。

1. 为害特征　以幼虫蛀食枣果为害。一般幼虫蛀果后,从蛀果孔流出点状胶质,随后伤口愈合形成褐色圆形斑点,斑点进而凹陷。越冬代害虫为害造成大量落果,果实瘦小、无肉,晒干后枣农俗称"干丁枣"。第一代或第二代幼虫为害枣果,枣果一般不脱落,幼虫在果内潜食,排粪于果实内和枣核周围,不堪食用,造成严重损失,降低商品价值。

2. 发生习性　1年发生1～3代,以2代为主,以老熟幼虫在土中结冬茧越冬，翌年5月中旬至7月中旬出土。幼虫出土后，在树干基部附近土、石块下或草根旁作夏茧化蛹，蛹期9～15天。7月下旬至8月初进入羽化盛期。成虫羽化后，白天潜伏于树干、树叶及草丛等背阴处，日落开始活动，交尾产卵。卵多散产于果梗洼处或枣叶脉分叉处，卵期7～10天。幼虫孵出后多从枣果顶部和中部蛀入，幼虫在果实内生活17天后老熟。第一代幼虫发生盛期在7月下旬至8月上中旬。8月中下旬至9月上旬为第二代幼虫发生盛期。7月下旬至9月中下旬幼虫陆续老熟后脱果落地。越冬幼虫在果园内多集中于树冠下距树干0.3～1米范围内的土里结冬茧越冬，冬茧在土中分布是越接近地表密度越大，一般分布于土层5～10厘米深处，以5厘米左右分布最多，11～20厘米处很少。世代重叠。

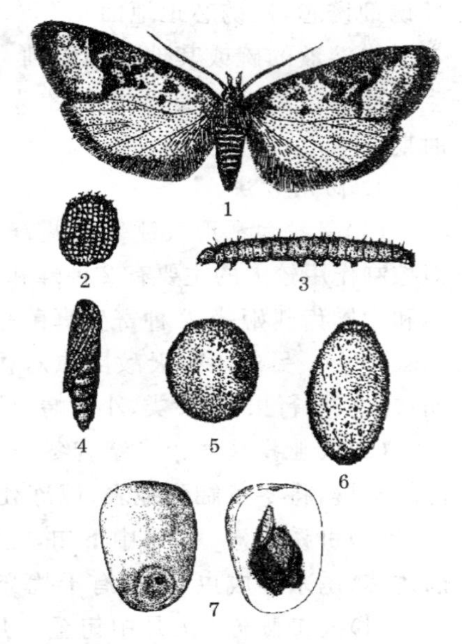

图10-1　桃小食心虫

1. 成虫　2. 卵　3. 幼虫　4. 蛹
5. 冬茧　6. 夏茧　7. 枣果被害状

3. 预测预报

(1)越冬幼虫出土期预测　在树冠下5～6厘米深处埋入一定数量的桃小食心虫冬茧，并用笼罩之，从5月上旬开始逐日检查出土幼虫数。当出土幼虫达5%时，开始地面施药。

(2)成虫或幼虫发生盛期预测　采用性诱芯诱集雄蛾的方法。成虫发生期(6月中下旬)在枣林间每隔一段距离挂1个人工合成性诱剂诱芯，性诱芯距地面1.5米，在其下面吊置一个盛有1%洗衣粉水溶液的碗或其他广口器皿。每天早上检查诱蛾数，诱蛾发生高峰期过后7～10天是幼虫发生盛期，也是喷药防治的最佳时期。

4. 防治方法

(1)保护和利用天敌　据调查，桃小食心虫的天敌有10多种，但控制作用较大的主要有2种蜂和2种真菌。2种寄生蜂是甲腹茧蜂和中国齿腿姬蜂；2种寄生真菌是秋孢白僵菌和 Pascilomyces fumosorseus。另外还有天敌昆虫对桃小幼虫也有一定的抑制作用，如：蚂蚁、步行虫、草蛉类、小花蝽、弓水狼蛛、丁纹狼蛛等。

(2)农业措施防治　结合冬季挖树盘，翻动树干周围1米范围内的土壤，将冬茧翻到地表，以冻死越冬虫茧。

(3)引诱防治　6月中下旬，在枣林间悬挂人工合成桃小性诱剂诱芯，诱杀雄成虫，并具有干扰交配作用。

(4)人工防治　7月中旬至8月中旬，捡拾越冬代桃小食心虫为害的枣果，集中销毁，可消灭大量第一代幼虫。

(5)进行化学防治　在5月下旬至7月上旬，在树冠下地表喷甲基异硫磷200～300倍液。也可根据虫情测报，在桃小食心虫发生高峰期，树冠喷施20%灭幼脲3号1 000～1 500倍液，或菊酯类农药2 000～3 000倍液，均能取得较好防效。

(二)枣绮夜蛾　又名枣实虫、枣花心虫(图10-2)。属鳞翅目，夜蛾科。

1. 为害特征　以幼虫取食枣花和幼果为害。在枣树花期，幼虫吐丝将一簇花缠连在一起，钻在花序中为害，主要取食蜜盘、子房、花蕊，严重时，可将大半个蜜盘吃掉，或将整个子房全部吃光，或将花丝咬断，引起大量落花。枣果生长期幼虫吐丝缠绕果柄，啃食枣果，造成大量落果。

2. 发生习性　1年发生1～2代。据调查，在河南省新郑枣区

1 年发生 2 代，均以蛹在枣树老翘皮下、粗皮裂缝中或树洞内越冬，翌年 5 月上中旬开始羽化，下旬为羽化盛期，成虫具趋光性。第一代幼虫 5 月下旬开始孵化，6 月上中旬为为害盛期；第一代蛹始见于 6 月中旬，6 月下旬为化蛹盛期，8 月上旬结束，此时一部分蛹不再羽化而越冬，因此出现 1 年发生 1 代。另一部分第一代成虫于 7 月上旬开始羽化，7 月中旬为盛期；第二代幼虫 7 月中旬开始孵化，7 月下旬为发生为害高峰期。成虫白天多静伏于叶丛或树干避光处，具趋化性。卵散产于花梗杈间或叶柄基部，幼虫孵化后喜食蜜源及花部器官，枣的盛花期也是该虫为害的高峰期。花期过后啃食幼果，并有蛀大果习性。

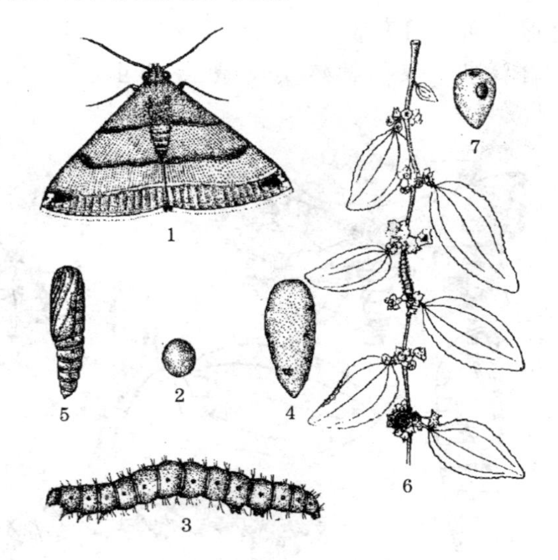

图 10-2　枣绮夜蛾

1. 成虫　2. 卵　3. 幼虫　4. 茧　5. 蛹　6,7. 花、果被害状

3. 预测预报　成虫或幼虫发生盛期预测采用黑光灯或糖醋液诱蛾方法。成虫发生期(5 月上中旬)在林间每隔一段距离设置

1 个黑光灯进行诱虫，逐日检查诱蛾数量，诱蛾高峰期也是成虫发生盛期，诱蛾高峰期过后 7～10 天，也就是幼虫发生高峰期，此时为防治最佳时期。

4. 防治方法

一是结合枣树冬季管理，刮除老翘皮，集中烧毁，以消灭越冬虫蛹。或在幼虫老熟化蛹前，在树干光滑处绑草绳，以引诱幼虫化蛹，在成虫羽化前集中烧毁。

二是在成虫发生期利用黑光灯或糖醋液进行诱杀。

三是在幼虫发生盛期喷施菊酯类农药 2 000～3 000 倍液，防治效果较好。

四是保护和利用天敌。

（三）棉铃虫　又名棉铃实夜蛾、钻心虫（图 10-3）。属鳞翅目，夜蛾科。

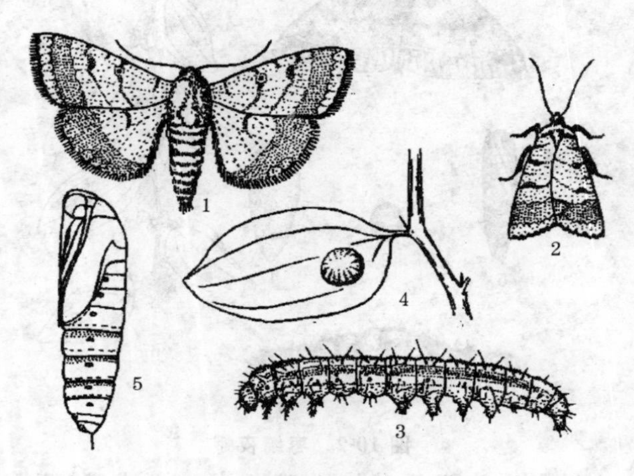

图 10-3　棉铃虫

1. 成虫　2. 成虫静止状　3. 幼虫　4. 卵（放大）　5. 蛹

1. 为害特征　以幼虫为害枣果果核，将枣幼果钻蛀形成大的孔洞，引起枣果脱落，严重影响红枣产量。

2. 发生习性　每年发生代数各地不一，内蒙古、新疆等地每年发生3代，华北地区每年发生4代，长江流域及其以南地区每年发生5～7代，均以蛹在土中越冬。华北地区翌年4月中下旬开始羽化，5月上中旬为羽化盛期，黄河流域各代幼虫发生期分别是：5月中旬至6月上旬、6月下旬至7月上旬、7月下旬至8月上旬、8月下旬至9月中旬。卵散产于嫩叶及果实上。成虫昼伏夜出，对黑光灯、萎蔫的杨柳枝有强烈趋性，低龄幼虫食嫩叶，幼虫3龄后开始蛀果，蛀孔较大，外面常留有虫粪。

3. 预测预报　成虫或幼虫发生盛期预测，采用黑光灯或杨柳枝诱蛾的方法。成虫发生期（5月上中旬）在林间每隔100米设置1个黑光灯进行诱虫，逐日检查诱蛾数量，诱蛾的高峰期也是成虫发生盛期，诱蛾高峰期过后7～10天，也就是幼虫发生高峰期，此时也是防治的最佳时期。

4. 防治方法

一是枣林不间作或附近不种植棉花等棉铃虫易产卵的作物。

二是在成虫发生高峰期利用黑光灯、杨柳枝诱杀成虫。

三是根据虫情测报，从卵孵化盛期至2龄幼虫蛀果前，可喷施药剂21%灭杀毙2 500～3 000倍液、灭幼脲3 000倍液、30%灭铃灵1 500～2 000倍液或甲维盐2 000倍液等进行防治，注意交替用药，以减缓棉铃虫抗性。

四是用B. T 、HD-1苏云金芽孢杆菌制剂或棉铃虫核型多角体病毒稀释液喷雾，均有较好的防效。

五是保护和利用天敌。棉铃虫的天敌主要有姬蜂、跳小蜂、胡蜂，还有多种鸟类等。

（四）绿盲椿象　又名苜蓿椿象、小臭虫等（图10-4）。属半翅目，盲蝽科。

1. 为害特征　以成虫和若虫刺吸枣树幼树嫩芽、嫩叶、花蕾和果实。被害叶、芽先出现枯死小点，随后变黄枯萎、顶芽皱缩，抑制生长。以后，随着叶芽的伸展，被害处变成不规则的孔洞和裂痕，叶片皱缩变黄，俗称“破头疯”。被害枣吊不能正常伸展，呈弯曲状，故称“烫发病”。花蕾受害后，停止发育，以至枯落。受害严重的枣树，几乎没有花开放。枣果被椿象叮咬后，可引起枣缩果病和枣炭疽病的发生。

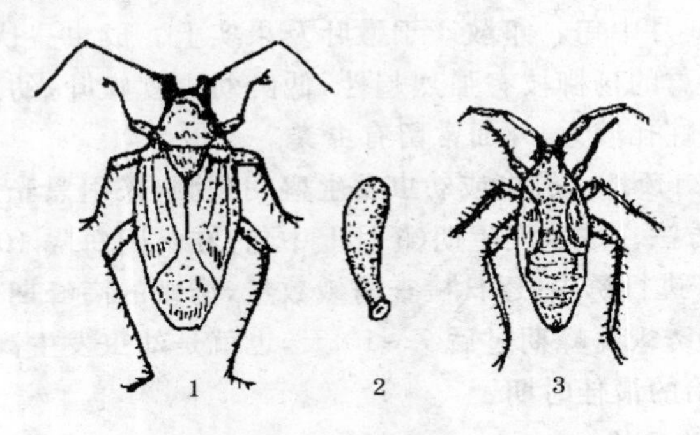

图 10-4　绿盲椿象

1. 成虫　2. 卵　3. 幼虫

2. 生活习性　北方 1 年发生 3～5 代。以卵在寄主植物的断枝内、树皮内或附近的浅层土中越冬，翌年 3～4 月份，卵开始孵化。枣树发芽后，幼虫即开始上树为害。5 月上中旬枣树展叶期为为害盛期。5 月下旬以后，气温渐高，虫口渐少。第二代至第四代分别在 6 月上旬、7 月中旬和 8 月中旬出现，成虫寿命 30～50 天。成虫白天潜伏，清晨和夜晚爬到芽上取食为害。绿盲椿象的发生与天气密切相关。卵只有在相对湿度为 65%以上时，才能大量孵化。气温 20℃～30℃、空气相对湿度为 80%～90%的高湿气候，最适宜其为害。高温低湿天气为害较轻。

3. 防治方法

一是在春、秋季刨树盘，并结合冬季管理，清洁枣林，清除枯枝落叶和杂草，并集中烧毁，以消灭越冬虫卵。

二是结合管理，人工摘除卵块和群集若虫。

三是5月上中旬第一代为害期，向树上喷洒30%辛硫磷乳油1 000倍液，或菊酯类农药2 000～3 000倍液，防效较好。

二、叶部害虫

(一)枣尺蠖　又名枣步曲、顶门吃、弓腰虫(图10-5)。属鳞翅目，尺蠖蛾科。

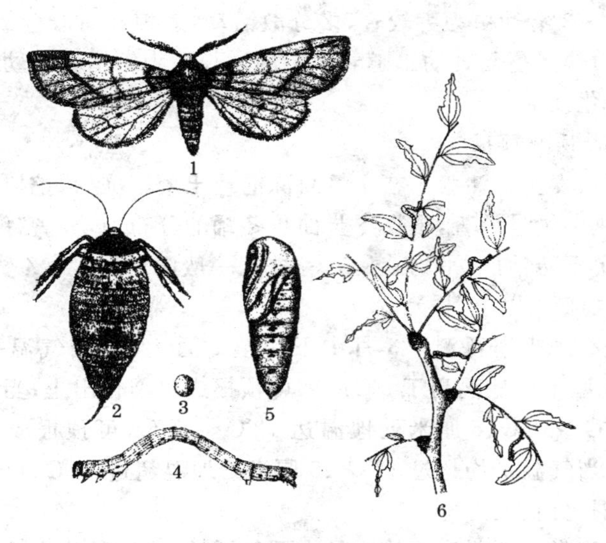

图10-5　枣尺蠖

1. 雄蛾　2. 雌蛾　3. 卵　4. 幼虫　5. 蛹　6. 叶被害状

1. 为害特征　以幼虫取食枣叶为害。枣芽萌发吐绿时，初孵幼虫开始为害嫩芽，取食嫩叶。随着虫龄增大，食量也随之增加，将叶片食成缺刻，严重的可将枣叶、花蕾，甚至枣吊全部吃光，导致二次萌芽，有时连二次萌芽也被其为害。为害后，削弱树势，造成枣树大量减产，甚至绝收。不但影响当年产量，而且影响翌年结果。

2. 发生习性　1 年发生 1 代，以蛹在树冠、土壤中越夏过冬，越接近树干其密度越大。翌年 3 月上中旬至 5 月上旬为成虫羽化期，盛期在 3 月下旬至 4 月中旬。成虫羽化后，雄蛾飞到树干背阴面静伏，傍晚飞翔，寻找雌蛾交尾产卵，雌蛾将卵产于枣树干、主枝老翘皮缝内，多呈块状分布，每雌蛾产卵量 1 000～1 200 粒。卵期 15～25 天，枣芽萌发时幼虫开始孵化，盛期在 4 月下旬至 5 月上旬。1～3 龄幼虫为害较轻，多分散活动，遇惊吓有吐丝下垂习性，借风力传播蔓延。幼虫随着虫龄的增长而为害增大。幼虫具假死性、趋化性。

3. 预测预报

(1)发生区测报　在土壤封冻前或土壤解冻后，挖树盘进行枣步曲越冬蛹量调查，根据枣步曲越冬蛹的分布地块和密度的大小，以确定不防治区(平均 0～1 头/株)、一般防治区(2～4 头/株)、重防治区(5 头以上/株)。

(2)发生期预测　3 月中下旬至 5 月上旬，当气温平均高于 7℃、5 厘米处地温高于 9℃时即可预报成虫羽化出土；当气温平均达 11℃～15℃、5 厘米处地温达 12℃～16℃，可预报成虫发生高峰期；当气温平均超过 17℃、5 厘米处地温超过 19℃，可预报成虫停止羽化出土。

(3)指标预测法　从 4 月中下旬开始，选定具代表性的样株逐日到枣林间调查样株幼虫发生量，当百个枣股超过 3 头时，应及时防治。

4. 防治方法

一是结合冬管，深翻枣园或挖树盘，消灭越冬虫蛹。

二是在幼虫发生盛期(4 月下旬至 5 月上旬)，利用其假死性用杆击法(就是以木杆击打枣树)，使幼虫落地进行人工捕杀或毒杀。

三是采用长效杀虫药薄膜防治枣尺蠖。惊蛰前，在树干中下部光滑处绑5厘米宽的塑料薄膜，下缘内折，尺蠖出蛰期(3月中下旬)，在塑料薄膜下缘涂适当宽度的长效尺蠖灵软膏，以毒杀上树的雌虫和初孵幼虫。

四是4月下旬至5月上旬，可向树体喷菊酯类农药2 000～3 000倍液或灭幼脲1 500～2 000倍液，均可取得较好的防效。

五是保护天敌，利用益鸟、益虫自然控制害虫，降低虫口密度。枣步曲的主要天敌有:枣步曲寄蝇、家蚕追寄蝇、枣步曲肿跗姬蜂等。

(二)枣芽象甲　又名小白象、枣飞象、枣灰象、芽门虎(图10-6)。属鞘翅目，象甲科。

1. 为害特征　枣芽象甲以成虫取食枣树的嫩芽为害。严重时能将嫩芽全部吃光，长时间不能萌发，枣农俗称“迷芽”，造成二次发芽，大量消耗树体营养，导致枣树开花结果推迟，产量低，质量差。幼叶展开后，成虫继而食害嫩叶，将叶片咬成半圆形或锯齿形缺刻。

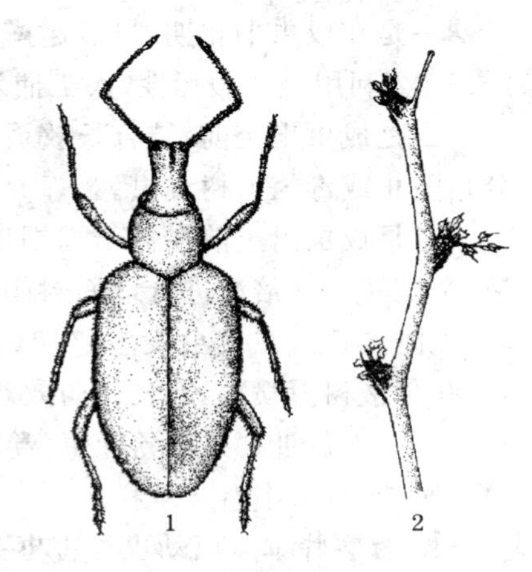

图10-6　枣芽象甲

1. 成虫　2. 嫩芽被害状

2. 发生习性　该虫1年发生1代，以幼虫在树冠下5～50厘米深的土壤中越冬。翌年3月下旬至4月上旬化蛹，4月中旬至5月上旬是成虫羽化盛期，也是为害的高峰期。成虫羽化后，即取食幼芽。在羽化初期，气温较低，成虫一般喜欢在中午取食为害，早晚多静伏于地面，但随着气温的升高，成虫多在早晚活动为害，中午静止不动。成虫有多次交尾的习性，雌虫白天产卵，卵多块产于枣树嫩芽、叶面、枣股、翘皮下及枝痕裂缝内。幼虫孵化后坠落于地，潜入土中，取食植株地下部分，9 月份以后，入土层 30 厘米处越冬。春暖花开时，幼虫上升，在土层 10 厘米以上，做球形土室化蛹。成虫具假死性、群集性。

3. 预测预报　从 4 月上旬开始，逐日进行成虫出土情况调查。调查方法有两个：一是调查地面单位面积上成虫的羽化孔数，当发现成虫羽化出土进入盛期时，应立即进行防治；二是早晨或傍晚在树冠下放一块塑料布，然后震树，将成虫震落于塑料布上，统计单位面积的虫口密度。

4. 防治方法

一是在成虫羽化期，早晨趁露水未干时，杆击枣树，一般击树 2～3 次，利用该虫假死性，人工捕杀或毒杀落地成虫。

二是成虫出土前，结合长效杀虫药带防治枣步曲（见枣步曲部分），阻止或毒杀上树成虫。

三是成虫出土前在树干周围以内，可利用甲基异柳磷 500 倍液，辛硫磷 300 倍液进行地面封闭，若用辛硫磷喷药后，要浅翻土壤，以防光解。在成虫发生盛期（4 月中下旬），采用 50% 辛硫磷 1 000 倍液树冠喷雾，有良好防效。

（三）枣黏虫　又名卷叶虫、卷叶蛾、包叶虫、黏叶虫等（图 10-7）。属鳞翅目，小卷叶蛾科。

1. 为害特征　以幼虫为害枣芽、叶、花，并蛀食枣果。枣树展叶时，幼虫吐丝缠辍嫩叶躲在叶内食害叶肉，轻则将叶片吃成大、小缺刻，重则将叶片吃光。枣树花期，幼虫钻在花丛中吐丝缠辍花序，食害花蕾，咬断花柄，造成花枯凋落。幼果期，幼虫蛀食枣果，造成幼果大量脱落。

2. 发生习性　该虫因发生地区不同，发生代数差别较大。山东、山西、河南、河北、陕西等省 1 年发生 3 代，江苏、安徽等省 1 年发生 4 代，浙江省 1 年发生 5 代，世代重叠，均以蛹在枣树主干粗皮裂缝内越冬。翌年 3～4 月份成虫羽化，成虫白天潜伏于枣叶背面或间作作物、杂草上，傍晚、黎明活动，交尾产卵，卵多产于 1～2 年生枝条和枣股上。第一代幼虫期 23 天，发生在萌芽展叶期；第二代幼虫期 38 天，发生在花期；第三代幼虫期 53 天，发生在幼果期；发生 5 代地区，第四代发生在枣果采收期，第五代发生在落叶前期。该虫多在叶苞内做茧化蛹，越冬代多在树皮缝中化蛹。成虫具趋光性、趋化性，对性诱敏感。枣黏虫的各代发生期受气温的影响而有早、晚。据调查，越冬代成虫羽化比较适宜的温度为 16℃，低于 16 ℃则羽化推迟；雌蛾产卵最适温度为 25℃，气温在 30℃以上时不适于产卵，产卵量也相对减少。在 3 代发生区，以第二代产卵量最多，第三代产卵量最少。另外，若 5～7 月份阴雨连绵，湿、温度较大，该虫容易暴发。

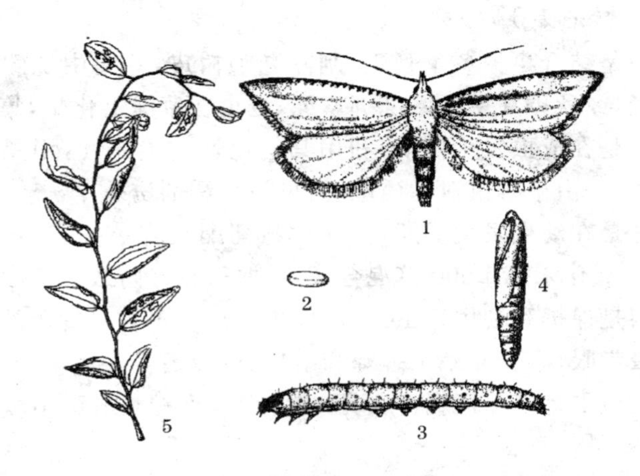

图 10-7　枣 黏 虫

1. 成虫　2. 卵　3. 幼虫　4. 蛹　5. 叶被害状

3. 预测预报

(1)成虫或幼虫发生期预测　3 月中下旬开始在枣林间每隔一段距离挂 1 个诱捕器，逐日统计诱蛾量，准确得出各代成虫的始、盛、末期。然后，根据成虫发生时期推算幼虫发生盛期，一般成虫发生高峰期与幼虫发生盛期期距为 16～18 天。

(2)发生量测报　经相关统计，各代成虫发生量、产卵量和幼虫发生量呈线性相关。也就是成虫蛾量和卵量是幼虫发生量的一个可信指标。根据每年调查幼虫发生量、诱蛾量、产卵量的数据，可利用多元回归统计方法求得幼虫发生量。预测公式为：

$$Y=0.708+11.52X_1+0.086X_2\pm 4.5$$

式中：Y——每代幼虫发生量

X_1——成虫发生量

X_2——产卵量

4. 防治方法

一是结合枣树冬季管理，刮除老翘树皮，并集中烧毁，以消灭越冬蛹，或秋季在主枝基部绑草绳，诱虫在草绳上化蛹，集中烧掉。

二是在成虫发生盛期，利用其趋化性和趋光性，用黑光灯、糖醋液诱杀，由于雄虫对性诱敏感，可用性诱剂诱杀。

三是在幼虫发生盛期，树冠喷施菊酯类农药 2 000～3 000 倍加 40%氧化乐果 1 500 倍混合液，可取得较好防效。

四是保护和利用害虫天敌，以虫治虫。枣黏虫的天敌主要有：松毛虫赤眼蜂、卷叶蛾小姬蜂和姬蜂、白僵菌等。

(四)枣瘿蚊　又名枣芽蛆、卷叶蛆、枣蛆(图 10-8)。属双翅目，瘿蚊科。

1. 为害特征　以幼虫吸食枣树嫩叶汁液为害。枣瘿蚊的雌成虫产卵于未展开的嫩叶空隙中。幼虫孵化后，即吸食嫩叶汁液，叶片受刺激后两边纵卷，幼虫藏于其中为害。叶片受害后变为筒状，幼嫩叶会变得色泽紫红，质硬而脆，不久即变黑枯萎。一般以苗圃地苗木、幼树受害较重。

2. 发生习性　该虫1年发生5～7代，以老熟幼虫在浅土层中结茧越冬。翌年4月份成虫羽化，产卵于刚萌动的枣芽上，5月上旬为为害盛期。第一至第四代幼虫发生盛期分别为6月上旬、6月下旬、7月中下旬、8月上中旬，8月中旬开始产生第五代幼虫，除越冬幼虫外，平均幼虫期和蛹期10天，幼虫越冬茧入土深度因土壤种类而不同，黄土地多在离地面2～3厘米处，沙土地则在3～5厘米处。最适宜的发育温度为23℃～27℃。另外，5月份天气若干旱少雨该虫发生较迟。

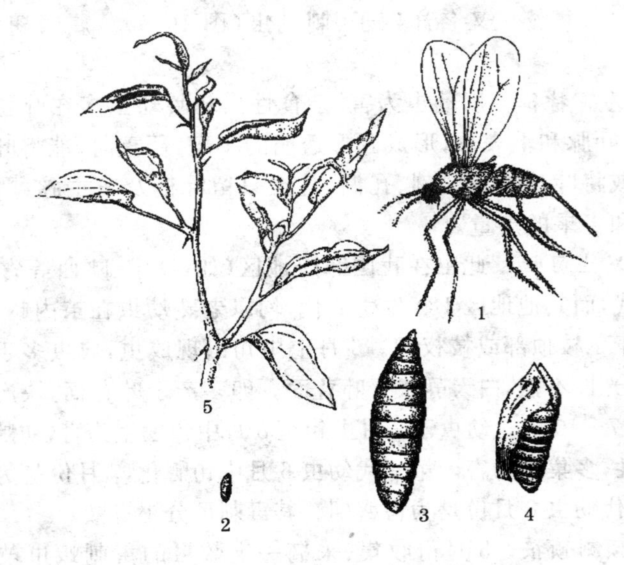

图10-8　枣瘿蚊

1. 成虫　2. 卵　3. 幼虫　4. 蛹　5. 叶被害状

3. 预测预报　采用越冬幼虫出土预测法。在树冠下2～3厘米深处的土层埋入一定数量的枣瘿蚊虫茧，并用笼罩之，从4月上旬开始，逐日检查出土幼虫数，当出土幼虫达50%时，即为该虫防治时期，并从该时期推算第一代幼虫发生高峰期。

4. 防治方法

一是结合枣树冬季管理挖树盘，消灭越冬虫茧。

二是在越冬成虫羽化前或老熟幼虫入土前，进行地面封闭，在树冠下喷施50%辛硫磷300倍液，喷后浅耙，可杀死出土幼虫或老熟幼虫。在幼虫为害高峰期可喷施40%氧化乐果乳油1 000～1 500倍加菊酯类农药2 000～3 000倍混合液或蚜虱净1 000～1 500倍液、吡虫啉1 000～1 500倍液均可取得较好的防效。

(五)黄刺蛾 又名洋辣子、刺毛虫(图10-9)。属鳞翅目，刺蛾科。

1. 为害特征 以幼虫为害，杂食性。初龄幼虫多在叶背面食叶肉，留叶脉和上表皮，形成圆形透明的小斑，严重时，能将叶片吃成网状或将叶片吃成缺刻、孔洞，甚至只留叶柄及三主脉，严重影响树势和枣果的产量。

2. 发生习性 此虫在我国寒冷地区(如：辽宁、陕西等省)1年发生1代，而其他地区1年发生2代，均以老熟幼虫在茧内越冬，茧多附着于枣枝顶部或枝杈间。6月上中旬出现成虫，成虫多于夜间活动，趋光性不强，白天静伏于叶背面。卵多产于叶背面，块产或散产，卵期7～10天。幼虫于7月上旬至8月中旬发生为害，初龄幼虫有群集性，多集中为害。第一代幼虫6月中旬孵化，7月份是为害盛期，第二代幼虫8月份是为害盛期。其毒刺可分泌毒液。

3. 预测预报 5月份收集、采摘一定数量的黄刺蛾虫茧置模拟田间环境中，逐日观察记载，根据成虫羽化的高峰期，预测幼虫发生期，指导防治工作。

4. 防治方法

一是结合冬季修剪和起苗，剪除树枝或枣苗上的越冬虫茧，以消灭越冬虫源。

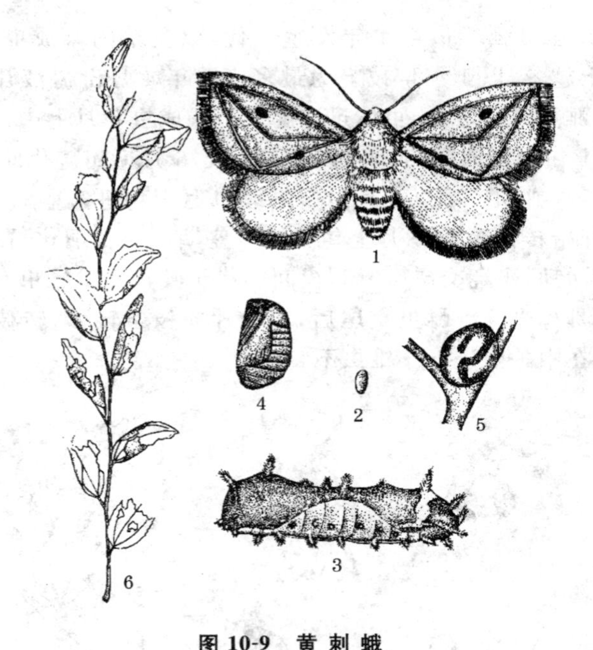

图 10-9　黄刺蛾

1. 成虫　2. 卵　3. 幼虫　4. 蛹　5. 茧　6. 叶被害状

二是在幼虫发生期，用菊酯类农药 2 000～3 000 倍液树冠喷雾。

三是保护利用天敌。黄刺蛾的天敌主要有上海青蜂、黑小蜂等。

(六)枣龟蜡蚧　又名日本龟蜡蚧、介壳虫、枣虱(图 10-10)。属同翅目，蜡蚧科。

1. 为害特征　以若虫、雌成虫吸食枝、叶、果汁液为害。被害植株生长缓慢或停止生长。同时，该虫分泌大量糖质的排泄物，引起霉菌寄生，导致枣树枝、叶、果布满黑霉，严重影响光合作用，破坏叶内新陈代谢的过程，从而影响枝条、果实的正常发育，引起早期落叶、幼果早落、树势衰弱，严重时可导致植株部分或整株枯死，是枣树叶部主要害虫之一。

2. 发生习性　该虫 1 年发生 1 代,以受精的雌成虫在 1～2 年生枝上越冬,以 1 年生枝上为最多。翌年 4 月份树液开始流动时,越冬雌虫开始吸食,虫体迅速膨大。雌成虫 5 月上中旬开始产卵,6 月上旬为产卵盛期,卵期 15～20 天;6 月下旬孵化幼虫,7 月上旬为孵化盛期。雄虫 8 月中旬化蛹,9 月上旬进入盛期。雌虫 8 月下旬开始转枝为害,9 月上旬为转枝盛期。成虫羽化后,爬出蜡壳,白天活动,飞翔交尾、产卵,夜间静伏于叶背面。雄虫有多次交尾习性,具趋光性。雌虫交尾后,由叶片向枝条转移,转枝以白天为主,并在中午前进行。雄虫不转枝。

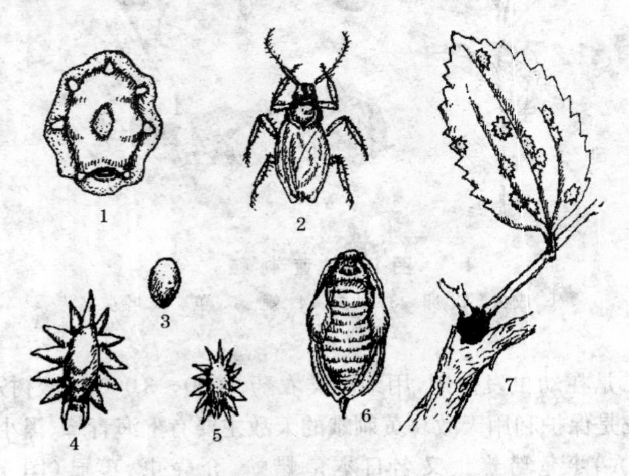

图 10-10　枣龟蜡蚧

1. 雌虫　2. 雄成虫　3. 卵　4. 雄若虫蜡壳
5. 若虫　6. 雌成虫　7. 枝、叶被害状

3. 预测预报　自 6 月中旬开始,每隔 5 天从不同地势的枣林中,分别采集有虫枣枝,观察记载雌虫壳下方的卵、孵化若虫和自然死亡情况,并计算出孵化率。当若虫出壳率达 40%左右时,即为孵化盛期,应抓紧防治。

4. 防治方法

一是结合冬季修剪，人工刮除枣树低处枣枝上的越冬雌成虫，或剪除虫量较大的枣枝，并集中烧毁，以消灭越冬虫源。也可在树体冬季结冰时，用木棍敲击树枝，将越冬雌成虫连同冰块一起击落。

二是根据虫情测报，在虫卵孵化盛期喷 15% 蓖麻油酸烟碱 800～1 000 倍液，若已形成蜡壳可喷 40%速扑杀 2 000～3 000 倍液，防治效果均好。

三是保护和利用天敌。枣龟蜡蚧的天敌主要有 3 类：第一类是捕食性天敌昆虫，如七星瓢虫、红点瓢虫、多异瓢虫、异色瓢虫等瓢虫类；丽草蛉、叶色草蛉、大草蛉、中华草蛉等草蛉类；第二类是寄生性天敌，如长盾金小蜂、红蜡蚧扁角小蜂、夏威夷软蚧芽小蜂、蜡蚧花翅跳小蜂、豹纹花翅芽小蜂等小蜂类；第三类是霉菌类，主要有 Entomphthora flaenii。

(七)枣壁虱　又名枣瘿螨、枣叶锈螨、枣叶壁虱(图 10-11)。属蜱螨目，瘿螨科。

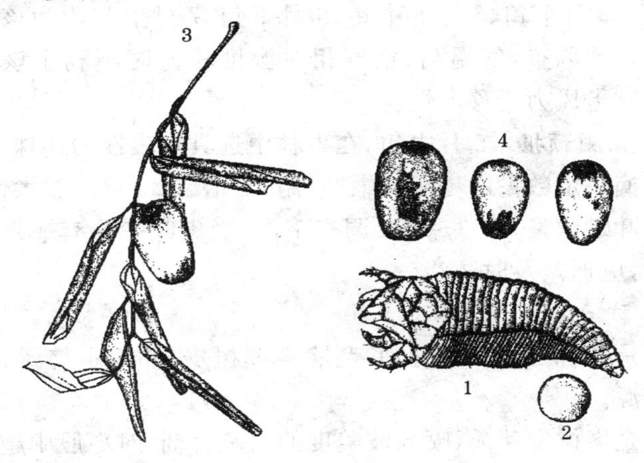

图 10-11　枣壁虱

1. 成螨(仿电镜图)　2. 卵　3,4. 叶、果被害状

1. 为害特征　以成虫、若虫为害叶片、花蕾、花及果实。枣叶被害后，叶片基部和沿叶脉部首先出现轻度灰白色，严重时整个叶片极度灰白、质感厚而脆，并沿中脉向叶面卷曲合拢，后期叶缘枯焦早期脱落。花蕾及花受害后，逐渐变褐、干枯凋落。果实受害一般多在梗洼和果肩部，被害处呈银灰色锈斑，或形成褐色“虎皮枣”，即果皮粗糙不平，是枣壁虱为害后留下的微伤口愈合组织。轻者影响果实正常发育，重者可导致枣果凋萎脱落。枣叶受害呈灰白色后，光合速率明显降低，光合产物大幅度减少，严重影响树体的生长和枣果的发育。

2. 发生习性　该虫世代因地理位置不同而差异较大。在河南省新郑枣区 1 年发生 8～10 代，而在山西省晋中地区 1 年发生 3～4 代，世代极不整齐。以成螨或若螨在枣股鳞片或枣枝皮缝中越冬。翌年 4 月中下旬枣芽萌发时，越冬螨开始出蛰活动为害嫩芽，展叶时多群居于叶背基部或主脉两侧刺吸汁液，虫口密度大时，分散布满整个叶片、花蕾、花和幼果，尤其是枣头顶端生长点更为严重。5 月下旬、6 月上中旬、6 月下旬、7 月上旬均为该虫为害高峰期。据调查，气温高、空气相对湿度较低时不利于该虫的发育。其有借风力迁移习性。

3. 预测预报　5 月中旬，在枣林中选具代表性的样株，从不同方位采摘一定数量的枣头或嫩叶，用 15 倍或 20 倍的放大镜，调查统计枣叶螨数量，每 3～5 天调查 1 次，当枣叶平均有螨量 0.5 头以上时，应抓紧及时防治。

4. 防治方法

一是结合枣树冬季管理，刮除老翘树皮，并集中烧毁，以消灭越冬虫源。

二是枣树发芽前，喷 5 波美度的石硫合剂，对枣股中越冬螨有一定的控制作用。5 月下旬，根据虫情测报，当叶平均螨量在 0.5 头以上时，可喷施 50%硫悬浮剂 300～500 倍液，或阿维菌素

2 000～2 500 倍液，可控制该虫为害，虫口密度大的枣树可连喷 2～3 次，每次间隔 10～15 天。

（八）红蜘蛛 目前为害枣树的红蜘蛛主要有截形叶螨、朱砂叶螨、山楂红蜘蛛（图 10-12）等。均属蜱螨目，叶螨科。

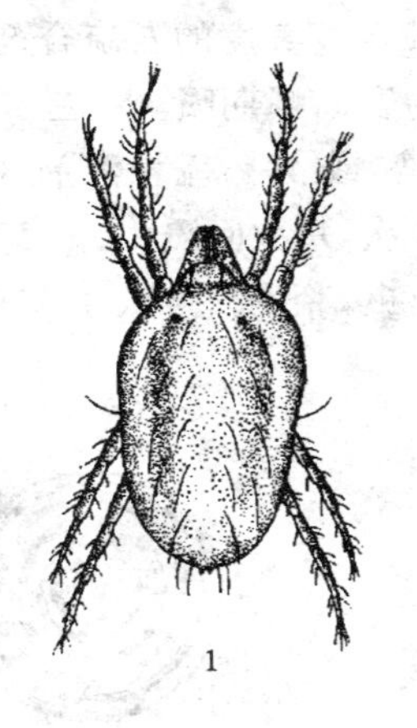

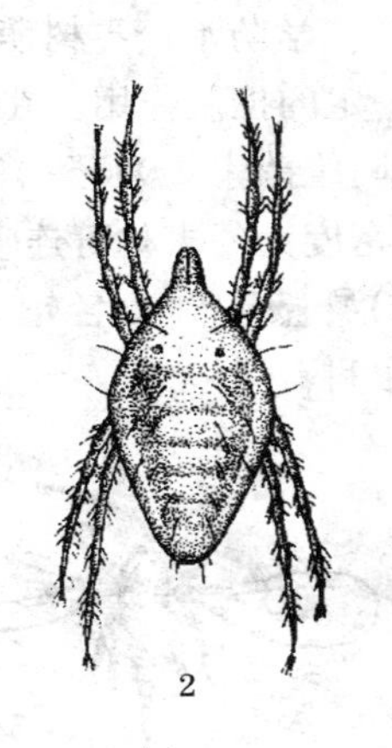

图 10-12 红 蜘 蛛

1. 雄成螨 2. 雌成螨

1. 为害特征 以成螨或若螨为害叶片、花蕾、花和果实。幼树和根蘖苗受害最为严重，多集中在叶背面主脉两侧刺吸汁液为害。叶片被害后出现淡黄色斑点，并有一层丝网粘满尘土，叶片渐变焦枯。花蕾和花受害后，枯萎脱落。枣果受害后，失绿发黄，萎缩脱落，严重影响枣的产量。

2. 发生习性 该螨 1 年发生 8～9 代，以受精的雌螨在树皮缝内或根际处土缝中越冬，翌年春暖时活动产卵，6 月中旬为为害盛期，7～8 月份成灾，阴雨连绵对螨的生长发育、繁殖及蔓延有一定控制作用，9～10 月份转枝越冬。

3. 预测预报 5 月中旬进行林间调查，当被调查叶片平均有螨量 0.5 头以上时，应及时做好防治工作。

4. 防治方法

一是结合枣树冬季管理，刮除老翘树皮，集中焚烧，消灭越冬虫源。

二是化学防治。枣树萌芽前喷 5 波美度的石硫合剂，对该虫的发生有一定的控制作用。在该虫为害高峰期喷牵牛星 2 000～3 000 倍液，或阿维菌素 2 000～2 500倍液，或 40％硫悬浮剂 300～500 倍液，虫口密度大的枣林可连喷 2～3 次，每次间隔 10～15 天。

(九)梨圆蚧 又名轮心介壳虫，俗称“树虱子”(图 10-13)。属介壳虫科。

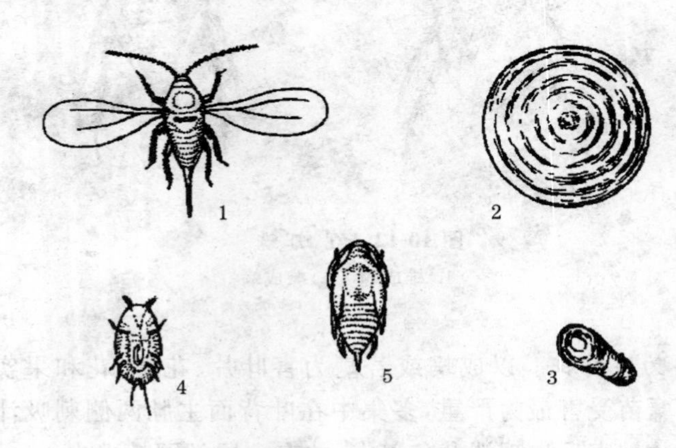

图 10-13 梨圆蚧

1. 雄成虫 2. 雌成虫介壳 3. 雄成虫介壳 4. 一龄幼虫 5. 蛹

1. 为害特征 梨圆蚧在国内分布广泛，食性极杂。若虫和雌成虫主要为害果树和林木等 150 多种植物。在果树中为害梨、苹果、枣、核桃、桃、杏、李、梅、樱桃、葡萄、柿和山楂等。树干、枝条、叶片、果实和苗木均可受害，枝条被害可引起皮层爆裂，抑制生长，引起落叶，甚至枯梢和整株死亡；果实被害，围绕介壳虫形成凹陷斑点，严重时果面龟裂，降低果品质量；叶脉附近被害，则叶片逐渐枯死。

2. *发生习性*　梨圆蚧在北方地区1年发生2～3代，以1龄或2龄若虫和少数受精雌虫在枝干上越冬，翌年春树液流动时继续为害。梨圆蚧为两性繁殖，以产仔方式繁殖后代。第一代仔虫6月上旬出现，6月中旬为为害盛期，6月下旬为为害末期。第二代仔虫8月中旬出现，8月末为为害盛期，9月上旬为为害末期。初产出的若虫为鲜黄色，在壳内过一段时间后爬行出壳。出壳后很活泼，爬行迅速，在大枝条或果实上选择适当部位，把口器插入植物组织中取食养分后，就固着不动了，经过1～2天，虫体上分泌出白色蜡质，逐步变成介壳，变为灰黄色。经10～12天蜕皮，其触角、足和眼等消失，雌、雄性分化。雄虫蜕皮3次后化蛹，羽化为成虫。雌虫蜕皮2次后变为成虫，交尾后产仔。雌虫喜在枝干阳面寄生，夏季发生的一代多在叶背及果实上寄生。雄虫多在叶子阳面沿主脉寄生。8月末最后产的一代幼虫，10天后蜕皮变为2龄若虫，即在枝上越冬。

梨圆蚧的天敌以红点瓢虫和肾斑唇瓢虫最为常见。1头瓢虫成虫在1个月内可捕食梨圆蚧成虫和若虫700头左右，1头瓢虫幼虫每月捕食350头梨圆蚧虫。梨圆蚧的寄生性天敌有小蜂、短缘毛蚧小蜂等。实践证明，只要很好地保护自然天敌，梨圆蚧一般不会对生产造成很大损失。如果杀虫剂使用不当，大量杀伤天敌，常引起梨圆蚧的大发生。梨圆蚧可借苗木、枝条远途运输及风力、鸟类和大型昆虫携带传播。

3. *防治方法*

一是实行种苗检疫，对苗木、枝条、接穗和果实等，应加强检疫工作，以防传播蔓延。

二是结合修剪，去除虫枝。若发现苗木、枝条有虫者，要加以刷除。

三是发芽前，喷 5 波美度石硫合剂。雌虫产仔期，即 6 月中下旬可使用吡虫啉 2000～3000 倍液防治。8 月中下旬及 9 月上旬，可使用速扑杀 2000～2500 倍液或溴氰菊酯 2000 倍液防治；在以上 3 个防治时期，单喷洗衣粉 200 倍液，每隔 7～10 天喷 1 次，效果也很好。

(十)枣粉蚧 又名枣星粉蚧，俗名“树虱子”(图 10-14)。属同翅目，粉蚧科。

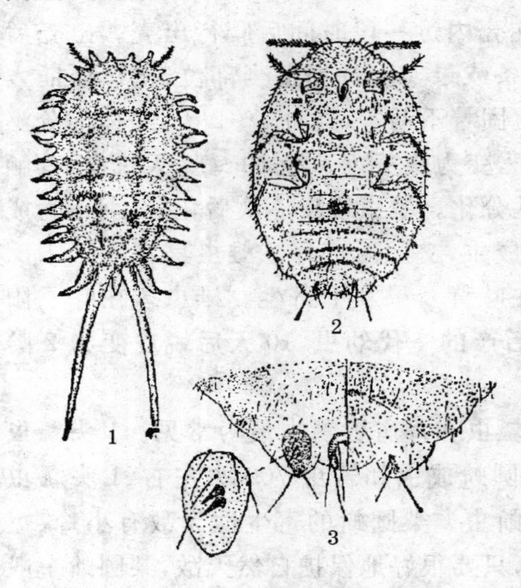

图 10-14 枣粉蚧
1. 雄成虫 2. 雌成虫(去蜡腹面观)
3. 雌成虫臂板

1. 为害特征 在晋、冀、鲁、豫、新等地发生普遍。枣粉蚧常栖息在枣树的芽、叶、花、果等部位，以口器刺入植物组织内取食为害。在虫口密度大的枣树上，该虫越冬出蛰后，往往密集在枣股上，使枣芽不能正常萌发。即使勉强发芽，也因枣粉蚧吸食为害而使枣吊生长受到影响，其表现为叶片瘦小、枯黄，以至早期脱落。该虫排泄物易招致煤污病发生，导致树势衰弱、枝条枯萎。特别是已经衰弱的植株，一旦受枣粉蚧为害，就会加速树体的衰亡。

2. 发生习性 枣粉蚧在晋、冀、鲁、豫等地 1 年发生 3 代，以若虫在树干及侧枝的树皮缝内越冬。翌年 4 月份出蛰活动，5 月份蜕变为成虫，5 月上旬开始产卵。第一代枣粉蚧发生期为 5 月下旬至7月下旬，若虫孵化盛期为6月上旬。第二代枣粉蚧发生期为7月上旬至9月上旬，若虫孵化盛期为7月中下旬。第三代枣粉蚧（即越冬代）8月下旬发生，若虫孵化盛期在9月上旬。若虫孵化后为害不久，即进入枝干皮缝下越冬，10月上旬全部休眠越冬。每年以第一代和第二代在6～8月份为害严重。枣树发芽前，越冬若虫群集于枣股上。枣树发芽后，若虫便转移上芽，在初伸长的枣吊上，群集于叶腋间或未展开的叶褶内。在虫口密度大的树上，往往1片叶上有十几头虫刺吸汁液。进入雨季后，枣粉蚧分泌的胶状物易引起霉菌的发生，并污染叶片和果实，从而影响果品的质量。该虫活动迟笨，易遭到雨水冲刷，故其第三代虫口密度较小。

3. 防治方法

一是结合冬季修剪刮掉老枝皮，消灭越冬若虫。

二是在第一代若虫发生盛期（6月上旬），选用40%速扑杀乳油2 000～2 500倍液或25%伏乐得可湿性粉剂1 500～2 000倍液树冠喷施防治。该虫多在傍晚和夜间取食，白天藏于树皮缝内，故喷药宜在傍晚进行。喷药时要注意把主干、大枝和叶片喷施均匀。

（十一）枣大球蚧　又名枣球蜡蚧（图10-15）。属同翅目，蜡蚧科。

1. 为害特征　以雌成虫、若虫附着于枝干上刺吸汁液，同时排泄蜜露诱致煤污病的发生，影响光合作用，致使产量、品质明显下降，重者形成干枝枯梢、削弱树势，甚至引起全株枯死。

2. 发生习性　1年发生1代，以2龄若虫于枝干皱缝、叶痕处群集越冬，以1～2年生枝条上发生较多。翌年树液开始流动后活动为害，并转移至枝条上固定取食，4月下旬雌、雄成虫进入羽化期，5月初成熟，并进行交尾、产卵，卵产于母壳下，初孵若虫于5月下旬活动。为害盛期发生在每年的4月中旬至5月底。成虫羽化后即可求偶交尾，每雌虫一生产卵在2 000～3 000粒。初孵若虫活泼，在寄主叶片或枝条上爬行 1 天后，即在叶背或嫩梢、枝条下方固定为害。若虫越冬前，主要为害叶片背面。转移越冬后的若虫和雌成虫主要为害 1 年生和 2 年生的枝条、枣股。

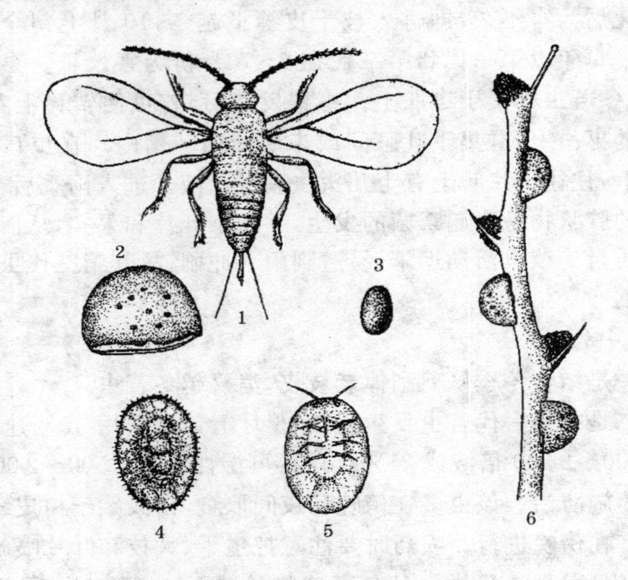

图 10-15　枣大球蚧

1. 雄成虫　2. 雌成虫蜡壳　3. 卵　4,5. 若虫　6. 越冬雌成虫蜡壳

3. 防治方法

一是结合冬季修剪，剪除越冬季若虫枝条，并集中烧毁，以消灭越冬虫源。

二是结合枣树管理，人工抹除固着在枝条上的雌成虫，以减少为害。

三是在 1 龄若虫初孵期和 2 龄若虫前期，喷施速扑杀 2 000～3 000倍液，或蚧死净 1 500～2 000 倍液，或吡虫啉 2 000～3 000 倍液均可取得较好的防效。

四是保护和利用天敌。枣大球蚧的天敌主要有红点唇瓢虫、异色瓢虫、球蚧跳小蜂、球蚧花角跳小蜂等，对枣大球蚧均有较好的抑制效果。

三、枝干害虫

（一）星天牛　又名水牛角（图 10-16）。属鞘翅目，天牛科。

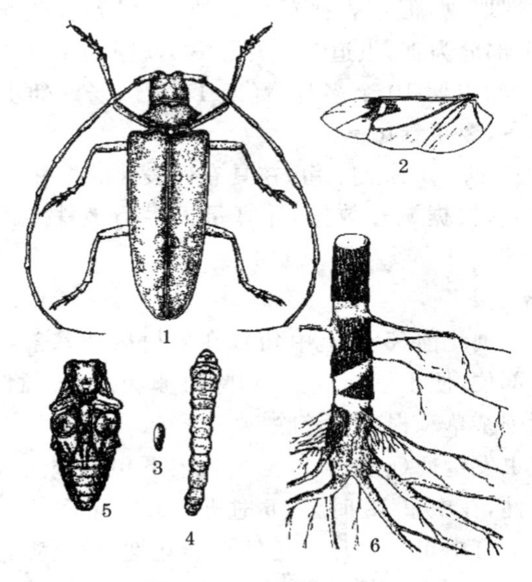

图 10-16　星天牛

1. 成虫　2. 膜翅　3. 卵　4. 幼虫　5. 蛹　6. 枝、干、根被害状

1. 为害特征　以幼虫蛀食主干、主枝和主根。初孵幼虫在皮层与木质部之间蛀食，此后蛀入木质部为害，虫道极不规则，从而切断筛管和导管，致使枣树养分缺乏、树势早衰，甚至造成整株死亡或部分枝条枯死。

2. 发生习性　该虫 1 年发生 1 代，以幼虫在树干基部或主根虫道内越冬。5月上中旬成虫开始羽化,6月上中旬达羽化盛期。成虫羽化后,取食枣树嫩叶或嫩枝皮。在强光高温时,有午息习性,成虫躲在树干基部背阴处,头部向下、尾朝上,触角翘起或贴伏地面静止不动。傍晚活动,交尾产卵,卵穴产于距地面10～20厘米树干处,穴外口为弧形,每穴产卵1粒,卵期9～15天。幼虫孵化后,先以韧皮部为食,生活在皮层与木质部之间,多横向为害。2龄时向木质部取食,但不直接钻入木质部,紧贴韧皮部为害木质部,后向地下部分为害,虫道多呈开放式,横断面呈"C"形,即同一侧树皮相连;幼虫期10个多月,蛹期1个月,老熟幼虫在10～12月份开始越冬,翌年春化蛹。

3. 预测预报　5月上中旬,在具有代表性的枣林,逐棵检查虫孔或褐色虫粪,根据调查数据,计算星天牛为害株率和成虫发生时期。

4. 防治方法

一是成虫羽化前(5月上中旬),在枣树树干基部封土堆以提高成虫产卵部位,便于捕捉成虫、剔除虫卵和幼虫。封土堆时,还要将树干周围杂草和根蘖苗铲除。

二是成虫发生期(6月中旬至7月中下旬),利用成虫在树基部午息的习性,在中午12时至15时进行人工捕杀。

三是在7月中旬至8月中旬幼虫孵化期,根据弧形卵穴及褐色虫粪进行人工剜除虫卵和初孵幼虫。

(二)豹纹木蠹蛾　又名咖啡豹蠹蛾、豹蠹蛾、截干虫等(图10-17)。属鳞翅目,豹蠹蛾科。

1. 为害特征　以幼虫蛀食枣树枝干为害。幼虫初期从叶柄基部或枣吊基部蛀入木质部,取食枣吊木质部,造成枣吊枯死。随虫龄增长而转移到枣头嫩枝或基部的髓心木质部为害,均从主孔向先端部分蛀食,导致蛀孔至先端部枝条枯死,有时也为害二次枝或幼树主干,导致幼树整株死亡,严重制约枣树的发展。

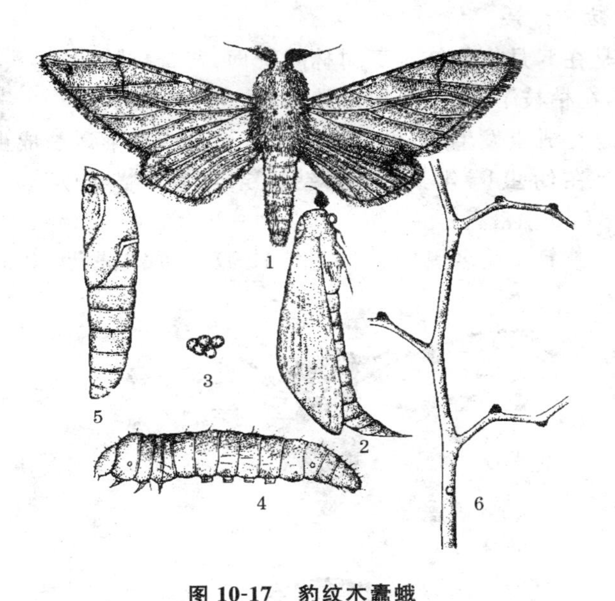

图 10-17　豹纹木蠹蛾

1. 雌蛾　2. 雄蛾　3. 卵　4. 幼虫　5. 蛹　6. 枝干被害状

2. 发生习性　该虫 1 年发生 1 代，以幼虫在枝条内越冬，翌年春枣芽萌动，幼虫沿髓向四周蛀食木质部，并向外开一个通气、排粪孔，化蛹前用虫粪堵塞虫道两头，吐丝缠辍，化蛹其中。6 月上旬开始化蛹，蛹期 10～15 天，7 月中旬为成虫羽化盛期。成虫具趋光性，白天静伏不动，夜间活动，交尾产卵，卵产在幼树或新生枣头上，多散生或块产，卵期 10 天。幼虫孵出后为害枣吊、二次枝、一次枝或幼树主干，多自下而上取食，越冬前回头向下蛀食。

3. 预测预报　7 月上旬至下旬，采用黑光灯诱集成虫，并将每天诱集数量绘成曲线，成虫高峰期后 10～15 天即为幼虫发生盛期，可采用药物防治。

4. 防治方法

一是在5月上旬结合枣树林间管理，普查枯枝，凡枣头干枯不萌发者，在枯枝下20～30厘米处剪枝，集中焚烧。

二是在成虫发生期，可在林间用黑光灯或火堆诱杀成虫。

三是在幼虫孵化期，在其钻入末枝前，喷20%杀灭菊酯2 000～3 000倍液。

(三)蚱蝉 又名黑蝉、知了(图10-18)。属同翅目，蝉科。

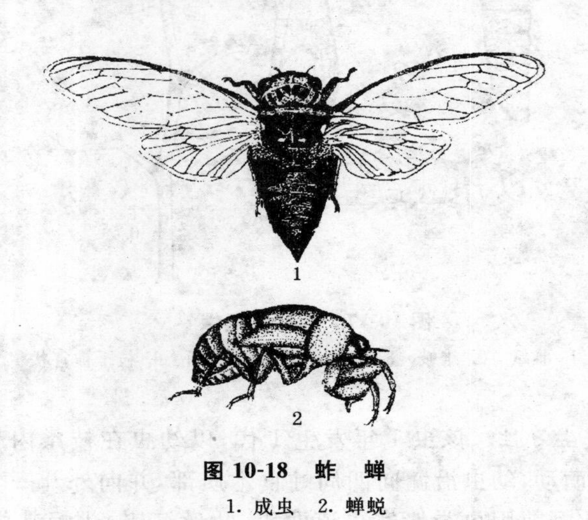

图10-18 蚱 蝉

1. 成虫 2. 蝉蜕

1. 为害特征 该虫对枣树的为害有3种方式：一是以若虫在地下吸食枣树根部汁液；二是以成虫刺吸枣树枝条汁液；三是在产卵时刺伤枝条表皮，造成枝条失水、枯死。

2. 发生习性 该虫4年发生1代，若虫期较长，以卵在树枝表皮或以若虫在土壤中越冬。卵在翌年6月份孵化，若虫入土取食植物根部汁液，直至发育成熟。6～7月份傍晚时出土，当晚蜕皮羽化为成虫，刺吸嫩枝、果实汁液。成虫善飞，有趋光性，寿命

60 天左右。7 月下旬至 8 月上旬为交尾产卵盛期，也是为害的高峰期。雌虫穴产卵于新生枣头一次枝上，并连续多处切断韧皮部导管，导致卵穴上部枝条枯死。

3. 防治方法

一是在枣果采收前，人工剪掉已枯凋的蝉卵枝，并集中焚烧灭卵或雨后人工捕杀出土的若虫。

二是在成虫发生期，夜间在枣林间点火，同时摇树，成虫即飞入火中烧死，也可用黑光灯诱杀。

三是结合防治桃小食心虫，同时兼治蚱蝉。

(四)灰暗斑螟　又名甲口虫(图 10-19)。属鳞翅目，螟蛾科。

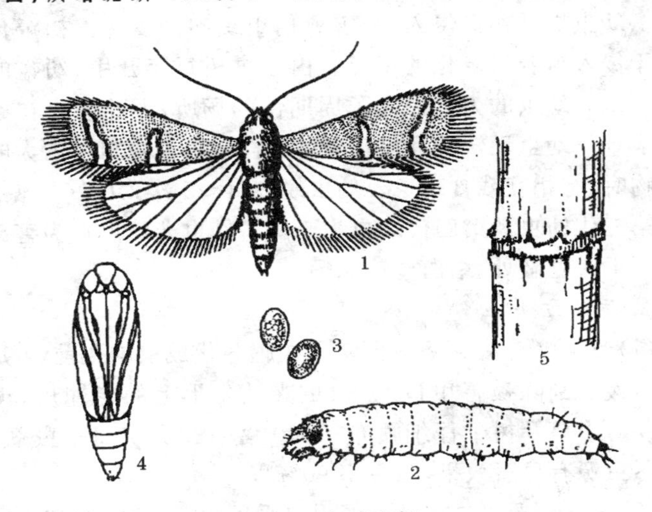

图 10-19　灰暗斑螟

1. 成虫　2. 幼虫　3. 卵　4. 蛹　5. 甲口被害状

1. 为害特征　以幼虫为害枣树甲口和其他寄主的伤口，造成甲口不能完全愈合或全部断离，使被害树树势迅速转弱，枝条枯干，果实产量和品质显著下降，重者 1～2 年整株死亡。该虫为杂食性。开甲的枣树受害最重，被害株率为61.4%～76.3%，年平均死亡株率为0.36%～0.54%。

2. 发生习性　1年发生4～5代，以第四代和第五代幼虫越冬为主交替出现，有世代重叠现象。幼虫在为害处附近越冬，翌年3月下旬开始活动，4月初化蛹，4月底羽化，5月上旬出现第一代卵、幼虫。第二代和第三代幼虫为害枣树甲口最重。第四代幼虫在9月下旬以后结茧，部分老熟幼虫不化蛹直接越冬。第五代幼虫于11月中旬开始越冬。成虫昼夜均可羽化。成虫寿命平均为15天。交尾后第二天产卵，产卵期4～9天。卵散产在甲口或伤口附近粗皮裂缝中，每头雌成虫平均产卵65粒，卵孵化率为90%左右。幼虫借助伤口侵入，为害愈伤组织和韧皮部。初孵化的幼虫难于侵入愈合后老化的甲口。由于枣树每年开甲，幼嫩的甲口愈伤组织为幼虫的为害提供了周期性的场所，因此该虫在枣树上为害最重。幼虫无转株为害现象、无群集性，但虫口密度大时或缺少食物时，有相互残食现象。幼虫蜕皮4～5次，共5～6龄次，第一至第三代幼虫及第四代幼虫为5龄。幼虫老熟后在为害部位附近选一干燥隐蔽处，结白丝茧化蛹。

3. 防治方法

(1)刮皮喷药减少越冬虫源　在越冬代成虫羽化前(4月中旬以前)，人工刮除被害甲口老皮、虫粪及主干上的老翘皮，集中烧毁。并对甲口及树干仔细喷布1 000倍菊酯类农药杀虫剂，对削减越冬虫源有显著效果，除虫率90%以上。

(2)保护新开甲口　新开的甲口采用涂药、抹泥的方法可有效地防止甲口组织受虫害，保证树体正常生长、结果。开甲后，在甲口内涂护甲保，或甲口晾15～20天后，可就地取土和泥，用泥将甲口抹平。这样既防虫、又保湿，有利于甲口愈合、组织增生。再过1周左右，甲口愈合完整，泥土就自然被顶掉脱落。甲口涂药抹泥后，愈合组织增生速度快，而且增生量多，甲口愈合平滑无伤残。

若甲口被害，其补救措施有3种。第一种是甲口桥接：甲口桥接又分单头桥接和双头桥接。被害甲口下有萌条的利用萌条进行单头桥接，若无萌条的利用健壮的1年生或2年生枣头一次枝作接穗进行双头桥接。单头桥接成活率达85.7%以上，双头桥接成活率在83.3%以上。桥接成活后2～3年内树势即可复壮。桥接时期为枣树萌芽期和生长前期。第二种是甲口封埋：对当年距地面很近的断离甲口，及时进行甲口清理、破茬、消毒后，用湿土实施封埋，促发不定根，树体成活率高达95.2%。第三种是甲口再创愈合：对当年正常开甲宽度的被害未愈合的甲口，及时清理、破茬、消毒，然后用塑料薄膜密封保湿，迅速促进甲口重新愈合。此法是一种简便有效的补救方法，一般情况下利用这种方法处理的甲口，1～2个月即可全部重新愈合。

第三节 农药的合理使用技术

在灰枣树病虫防治中，大多枣农由于缺乏农药的科学知识，长期使用单一的化学农药，滥用广谱农药、高毒农药，盲目加大用药量，不但造成农药的浪费、环境的污染，而且还导致灰枣果实农药残留超标、树体抗药性增强、天敌大量受到毒杀、生态失衡、灰枣树的生存环境受到破坏。因此，合理使用农药在实现灰枣树优质丰产的栽培上显得尤为重要，已成为一项关键性技术措施。

一、适时用药

在做好病虫预测预报的基础上，抓住防病治虫的有利时机及时用药，防治病虫。适时用药要抓住病虫以下几个防治关键时期。

（一）在病虫发生初期用药 病虫的发生一般分为初发期、盛期和末期3个时期，其危害程度也是由点到片逐渐发生，因此，虫害应在刚达防治指标，还未大量为害时防治；病害应在发病中心尚未扩散蔓延前防治，将病虫危害控制在经济允许的范围。

(二)在病虫对农药的敏感期用药 一般害虫幼虫期比卵、蛹期抵抗力差，幼虫期中，3龄前抵抗力比老龄幼虫差，因此低龄幼虫期是施药的关键时期。如河南省新郑枣区防治龟蜡蚧，在若虫未分泌蜡质时防治；病害一般在病菌孢子发芽后施药。

(三)在害虫隐蔽为害前期用药 害虫在灰枣树枝干、花、叶、果表面为害时防治，效果较好，一旦蛀入植物器官，防治就困难、效果也差。如防治桃小食心虫应在入果前；防治星天牛应在蛀干前。

(四)在灰枣树耐药性强的时期用药 灰枣树在花期、幼果期易产生药害，尽量不施药或少施药，而在生长相对减缓期和休眠期，则不易产生药害，尤其是病虫越冬期是防治的有利时机。

(五)在天敌发生低谷期用药 一般害虫寄生蜂的成虫抗药性弱，防治害虫时应尽量避开寄生蜂成虫羽化高峰期。

(六)在刚达到防治指标时用药 如红蜘蛛为每叶平均有2～3头，枣尺蠖为百股平均幼虫7.5头以上，枣壁虱每叶平均有0.5头以上时是最经济有效的防治时期。

(七)选择适宜天气和最佳时间用药 防治病虫不宜在风天、雨天喷药，也不宜在早晨露水未干时和中午温度正高时用药；一般宜选在晴天下午4时后到傍晚时用药。

二、适量用药

适量用药也就是按农药安全使用量用药。一是药剂的使用浓度要适当；二是单位面积上药剂的施用量要适宜。灰枣树病虫的防治应严格遵循“农药有效低用量”的原则，也就是在对症下药的前提下，能使病虫防治效果达90%左右时最低药剂浓度和用量。要改变片面追求防效100%的错误思想。一般来说，药剂浓度越高或用量越大，防治效果越好，但超过了有效浓度，不仅造成农药浪费，而且还可导致树体产生药害，病虫抗药性增强和环境污染的不良后果;低于有效浓度,又起不到防病治虫的作用。因此使用农药一定要按规定的浓度和用量。

三、轮换用药

生产实践证明,同一杀菌剂、杀虫杀螨剂,1 年多次使用或在同一地区连续多年使用,病虫就会产生不同程度的抗药性,使使用浓度越来越高,防治效果越来越差。如菊酯类农药防治枣尺蠖,在 20 世纪 80 年代用量为 10 000 倍,而现在的施用量为 1 500～2 000 倍,药量增加了而防治效果却不如以前。为了有效防治病虫并克服和延缓病虫抗药性的产生,应避免 1 年内多次使用或在同一地区多年使用同一种农药,尽可能选用作用机制不同的 2 种以上药剂轮换交替使用,特别是对一些新型农药,更应注意防止病虫抗药性的产生。

四、对症下药

农药种类较多,每种农药都有一定的性能和使用范围,防治时只有充分掌握各种农药的特点及其防治对象的生物学特征和危害规律,才能做到对症下药,也就是根据一定的防治对象,选择合适的农药。如防治红蜘蛛要用杀螨剂;防治咀嚼式口器的害虫(如枣尺蠖)要用触杀剂或胃毒剂;防治刺吸式口器害虫要用内吸、内渗作用强的杀虫剂。再者,一般杀菌剂只能用来防病,杀虫剂只能用来杀虫,不能乱用。

五、安全用药

安全用药主要包含 3 方面的含义:一是生产枣果的安全。防治枣树病虫害使用农药要注意生产果品的安全,禁止使用高毒、高残留农药。高毒、高残留的农药在灰枣园施用后,灰枣果实农药残留超标,品质下降。在防治上应尽可能使用微生物源农药、植物源农药、动物源农药与特异性农药——无机和矿物质农药等。二是保护环境的安全。据试验证明，树冠喷施高毒、高残留农药只有10％黏附在树体上，其余90％的农药通过各种途径向环境扩散，污染土壤、水源和空气，毒杀大量天敌，导致生态失衡。三是使用人员的人身安全。配药人员要戴胶皮手套，防止药液溅到手上。配制药液时要用棍搅拌，不能用手代替。喷雾或喷粉时应戴口罩。配药期间严禁吸烟、喝水、进食等，保护喷药人员的健康，防止意外中毒事件发生。

枣无公害栽培允许使用的主要杀虫杀螨剂和杀菌剂的品种及其使用技术见表10-1和表10-2。

表10-1　枣无公害栽培允许使用的主要杀虫杀螨剂及其使用技术

农药品种	稀释倍数和使用方法	防治对象
1％阿维菌素乳油	5000倍液，喷施	枣壁虱、红蜘蛛
0.3苦参碱水剂	800～1000倍液，喷施	枣壁虱、红蜘蛛
10％吡虫啉可湿性粉剂	5000倍液，喷施	枣黏虫
25％灭幼脲3号	1000～2000倍液，喷施	枣尺蠖、食心虫
50％马拉硫磷乳油	1000倍液，喷施	食心虫、枣黏虫
50％辛硫磷乳油	1000～1500倍液，喷施	食心虫、地下害虫
5％尼索朗乳油	2000倍液，喷施	枣壁虱、红蜘蛛
10％浏阳霉素乳油	1000倍液，喷施	枣壁虱、红蜘蛛
20％螨死净胶悬剂	2000～3000倍液，喷施	枣壁虱、红蜘蛛
99.1％加德士敌死虫	200～300倍液，喷施	叶螨、介壳虫
苏云金杆菌可湿粉	500～1000倍液，喷施	枣黏虫、枣尺蠖
10％烟碱乳油	800～1000倍液，喷施	食心虫、叶蝉
5％卡死克乳油	1000～1500倍液，喷施	枣瘿蚊、绿盲蝽
25％扑虱灵可湿粉	1500～2000倍液，喷施	介壳虫、叶蝉

表 10-2　枣无公害栽培允许使用的主要杀菌剂及其使用技术

农药品种	稀释倍数和使用方法	防治对象
80%喷克可湿粉	800 倍液，喷施	枣锈病、炭疽病、铁皮病
80%大生 M-45	800 倍液，喷施	枣锈病、炭疽病、轮纹病
70%甲基托布津	1000 倍液，喷施	枣锈病、炭疽病、轮纹病
50%多菌灵	600～800 倍液，喷施	枣锈病、炭疽病、铁皮病
1%中生菌素水剂	200 倍液，喷施	枣锈病、斑点落叶病等
倍量式或多量式波尔多液	200 倍液，喷施	枣锈病、轮纹病、炭疽病、铁皮病等
70%代森锰锌	600～800 倍液，喷施	枣锈病、轮纹病、炭疽病
硫酸铜	100～150 倍液，喷施	根腐病等
15%粉锈宁乳液	2000 倍液，喷施	枣锈病、白粉病
石硫合剂	芽前 3～5 波美度，喷施	枣锈病、轮纹病、炭疽病、铁皮病等
843 康复剂	5～10 倍液，喷施	腐烂病
75%百菌清可湿性粉剂	600～800 倍液，喷施	枣锈病、炭疽病、铁皮病等

六、混合用药

混合用药根据混合物的不同，又可分为农药混合和药肥混合 2 种。

(一)农药混合　就是将 2 种或 2 种以上农药混合在一起使用。农药混合的优点：一是能同时防治 2 种或 2 种以上的害虫和病原菌；二是混合后有增效作用，提高对病虫害的防治效果；三是可防止或减缓抗药性的产生。农药混合的基本原则是混合后不破坏原有的理化性状，防治效果互不干扰或有所提高；有效成分是菌类的生物农药，不能与化学杀菌剂混用；有机磷、菊酯类以及二硫代氨基酸酯类杀菌剂不能与碱性农药混用；同类性质农药不可混用。在生产上常用的混合类型有：杀虫剂＋杀虫剂，如杀灭菊酯＋有机磷杀虫剂防治枣尺蠖；杀虫剂＋杀菌剂，如菊酯类农药＋DT杀菌剂防治桃小食心虫和枣缩果病；杀虫剂＋特异性农药，如菊酯类农药＋灭幼脲防治桃小；杀虫剂＋杀螨剂，如氧化乐果＋杀螨剂防治红蜘蛛；还有杀菌剂＋杀菌剂等。

（二）药肥混用　就是将农药与肥料一起混合使用，以达到在防治病虫的同时又补充营养的目的。药肥混用的原则：一是注意肥料的使用浓度和用量。新肥使用前先试验后推广；二是注意药肥混用的施用时期。要根据肥料特性、枣树物候期及肥料作用决定，应本着"经济、有效、安全"的原则；三是注意活性菌肥不能与杀菌剂混用；四是注意酸碱中和问题。酸性农药不能与碱性肥料混用，强碱性农药不能与酸性肥料混用。在生产中常用的药肥混合类型有：农药＋高效有机肥（氨基酸等）；农药＋化肥（尿素、磷酸二氢钾等）；农药＋微肥（如稀土、硼肥）；农药＋菌肥（如垦易）等。

第十一章　灰枣果实的采收、制干、分级与贮藏

第一节　灰果实的采收

一、采收时期

按照灰枣果实皮色和肉质的变化情况，灰枣果实的成熟过程分为白熟期、脆熟期和完熟期3个阶段。灰枣为制干、鲜食兼用品种，灰枣果实的采收适期因用途不同而有差异，鲜食的在脆熟期（9月上旬）采收；制干的在完熟期（9月中旬）或过白露10～15天后采收。此时，灰枣果实已完全成熟，色泽鲜艳、果形饱满、干物质多、容易晾晒、制干率高、含糖量高、品质好。目前，在河南省新郑枣区，大多枣农对采收时期认识不足，采收偏早，半红枣不足20%就开始采收，制干后多为“黄皮枣”、“干丁枣”。干物质少，制干率低，果形不饱满，含糖量不高，品质降低。因此，适期采收是保证灰枣优质高效的重要措施。

二、采收方法

（一）分期人工手摘　灰枣树开花坐果期不整齐，而灰枣果实成熟期也相对不一致，为保证灰枣果实品质，可成熟一批采摘一批。这种方法主要适用于矮化密植枣园。

（二）打枣　在河南省新郑老枣区多采用此法。一般是用竹竿或木棍击打枣枝，将枣震落。打枣前在树下铺一层塑料布或布单接枣，以减少灰枣果实破损和节省捡枣用工。采用此法，应注意保

护树体，尽量击打大枝，下棍的方向也不能对着大枝延长的方向，以免打断侧枝。这种采收方法的缺点是采收用工多，劳动强度大，投资高，枝、叶、果易受损伤，枣果晾晒时易腐烂，且对树体营养积累也有一定不利影响。主要适用于树体高大的枣粮间作枣园。

（三）化学采收 在采收前5～7天，对树冠均匀喷洒200～300毫克/升的乙烯利溶液，一般喷后第二天即可见效，第三至第四天进入落果高峰期，第五至第六天成熟的枣果即可基本脱落，少数留在树上未脱落的枣果，可摇动树枝或用竹竿击落。采用乙烯利催落采收，可提高劳动效率，减轻打枣劳动强度，节省用工投资，避免枝、叶、果损伤，有利于树体营养积累。但要注意的是乙烯利对叶片老化和脱落过程也有一定的促进作用。当乙烯利喷施浓度高于300～400毫克/升时，易引起落叶。因此，在生产上大面积应用此法时，应先进行小型试验，以确定最佳的适宜浓度。主要应用于枣粮间作的枣园。

第二节 灰枣果实的干制技术

20世纪80年代以前，灰枣的干制主要是自然制干，80年代后主要采用人工烘炕制干，虽然其制干效率远远高于自然制干，浆果率也明显降低，但灰枣果实的干制质量较自然制干低，果肉色泽加深、肉质变软、抗压力降低、灰枣果实易变形。随着科学技术的发展，灰枣果实制干技术也得到突飞猛进的提高，采用太阳能烘干技术、机械烘干技术、远红外线技术、真空脱水技术、冷冻干燥技术等，不但能保持制干灰枣果实的优良品质，使其营养成分损失降低到最低限度，而且干燥效率高，灰枣果实颜色鲜艳，果形端正，外形饱满，干净卫生，不带病菌，商品价值高。

一、灰枣果实干制的原理

灰枣果实与干燥介质（空气）接触时，随温度的升高，果实表面水分的蒸发速度比灰枣果实内部水分扩散速度快，果实表面与内层水分存在一个差值，这个水分差形成一个梯度，促使水分向外移动。同时，经过外界加热，促使红枣周围温度升高，使内部受热，而后再降低枣果表面的温度，灰枣内部的温度就高于表面温度，由于这种内外层温差的存在，水分借助温度梯度沿热流方向迅速向外移动而蒸发。这种灰枣果水分借助温度梯度和湿度梯度蒸发出来的原理就是红枣干制的原理。

二、灰枣果实干制的方法

（一）自然晾干法　是传统的红枣干制方法。灰枣果实采收后，将鲜灰枣在干燥通风的沙土地上摊晒，每隔 1～2 天翻动 1 次，一般10～15 天即可制干。自然晾干的红枣果肉颜色均匀，维生素损失少，色、香、味均佳，皱纹少而浅，外形饱满美观，耐贮运。在新疆枣区由于长年干旱少雨，昼夜温差大，灰枣果实成熟后，不急于采收，而是让果实在树上自然晾晒，干制成红枣，收后即可贮存。

（二）自然晒干法　灰枣果实采收前，先选择晒枣场。晒枣场多选在干燥、通风、平坦、向阳的沙岗地，用砖或土堰、木棍将高粱箔支离地面 20 厘米左右。灰枣果实采收后将其均匀摊在箔上，厚度 5 厘米，利用太阳辐射热暴晒。在暴晒过程中，要隔一段时间（2～3 小时）翻动 1 次，使上、下干燥均匀。夜间将枣堆积在箔中间成垄状，用箔卷上去或用席盖好，以防露水和雨水。每天早晨将枣摊开晾晒，这样过一段时间，果皮出现细线皱纹、手握有弹性时可将枣堆积在一起，用席封严，每过 2～3 天揭开通风3～4 小时即可。由于采收时枣果的成熟度不一样且含水量也不同，需晾晒时间长短也不同。因此晾晒前最好按照枣的成熟度进行分类，分开晾晒。在晾晒期间也要不断根据含水量进行分挑、分类，将含水量不一致的枣分箔晾晒，这样晒出的枣干湿度一致。

（三）回笼火式炕房烘炕法 回笼火式炕房采用 2 炉 1 囱，地下回笼火道，轨道式活动枣架。炕房的大小根据枣果的多少而决定，一般炕房外形尺寸为 11 米×4 米×5 米，炕房上部有 30 厘米的保温层，4 个直径 40 厘米的排风筒，墙对角 2 个直径 50 厘米的排潮风扇。两侧墙中部各设有 3 个双层玻璃的观察窗，各设有干湿球温度计 1 个；下部各设有 5 个可控进气孔，用于通风排湿。煤燃烧用 2 炉 1 囱，炉壁外高内低，倾斜 15°，火道用土坯砌成。炕房内铁轨 2 道，10 个活动枣架，架子 10 层，规格为 2 米×1.36 米×3.02 米，装枣用活竹篦若干，规格为 1.96 米×1.3 米×（0.06～0.1）米。在墙两侧 30 厘米孔处，安装自控暖风机 2 台。炕房配备暖风机和可控排湿风扇，以利控制炕房温、湿度。

灰枣果实采收后，按大小和成熟度进行分级、分装竹篦上架，厚度每层 3～4 厘米，装篦上架后关闭门和排气孔，开始烘炕。烘枣分 3 个阶段：一是预热阶段。前 6 个小时缓慢升温，炕房温度缓慢平稳升至 55℃；6～8 小时内渐升至 55℃～65℃为宜，持续 20 个小时；二是高温蒸发阶段。20～22 小时烘房温度升至 65℃～70℃；同时注意排湿，室内相对湿度不大于 70%，炕房危险温度上限为 75℃，若超过 75℃时将产生焦头；三是成枣阶段。22～24 小时温度不低于 50℃，维持 4～6 个小时，使灰枣果内各部水分均衡，即可出房。出房的枣含水量在 30%左右，出炕后要及时晾晒1～2 天，防止大堆放枣、产生焖枣。成品枣含水量 21%～23%。

（四）T 字沟地炕烘炕法 地炕设在室外，一般选择前低后高的高台地，也可在平地。地炕挖成上大下小的倒梯形，平面面积根据晒枣箔的大小而定。一般地炕上表面积应小于或等于枣箔的面积，地炕深1.2～1.5米，下面垒1～2个火炉，在距炉口上方40～50厘米处吊一铁皮，使其均匀散热。在沟的长边一侧挖宽80～100厘米，深至炕底的斜坡口，作为人的通道，以便添加燃料。在地炕上面每隔50～60厘米摆放檩条，并在上面铺高粱箔，箔的四周用砖围成高8～10厘米的沿，使其形成炕床。在炕床上方80～100厘米处支架塑料布，以防雨水。灰枣果实采收后，混级摊到炕床上，摊枣厚度一般为5～7厘米。温度要靠加热燃料的多少来控制。当温度升至50℃～65℃时，每隔2～3小时翻枣1次；20～24小时压火控温，使其温度降低至40℃左右时出炕，出炕的灰枣果含水量30%左右。枣出炕后不可大堆堆放，以防焖枣，待日出时及时晾晒。

第三节　灰枣枣果的分级

一、鲜灰枣等级质量标准

灰枣是国家级制干、鲜食优良品种，其鲜食时果脆、汁多、味甜，口感较好。目前灰枣鲜枣的等级标准有新郑灰(大)枣和若羌灰枣两个地方标准(见表11-1和表11-2)。新郑灰枣鲜枣按等级可分为一级、二级2个等级；若羌灰枣鲜枣按等级可分为特级、一级、二级3个等级。

表 11-1 新郑灰(大)枣鲜枣等级标准

等级＼指标	水分(%)	含糖量(%)	酸度(%)	Vc含量毫克/100克果肉	可食部分(%)	果形和个头	品质	损伤和缺点
一级	50	36	1.2	0.5	≥80	果形饱满,具有本品种应有的特征,个头均匀	肉质肥厚,具有本品种应有的色泽,杂质不超过0.5%	无浆头、无不熟果,无病虫果,破头一项不超过10%
二级	52	36	1.2	0.5	≥80	果形正,个头不限	肉质肥厚不均,允许不超过10%的果实果色稍浅,杂质不超过0.5%	允许浆头不超过9%,不熟果不超过8%,病虫果和破头2项不超过19%(其中病虫果不得超过9%)

表 11-2 若羌灰枣鲜枣等级标准

等级＼指标	单果重(克)	可溶性固形物(%)	可食率(%)	感官				不合格果%				杂质(%)
				果形	果面	色泽	均匀度	不熟果	霉烂果	病虫果	破头	
特级	≥10	≥36	≥90	长倒卵形、长圆形、果形饱满	表皮光滑、鲜亮、洁净	橙红、艳丽、具光泽	个头均匀	无	无	无	无	≤0.5
一级	≥9	≥34									≤1	
二级	≥8	≥32									≤2	

二、干制灰枣的等级质量标准

灰干枣依据果形和个头、品质、损伤和缺点、含水量等 4 项指标，分为一等、二等和三等 3 个等级。大红枣(含灰枣)等级规格质量国家级标准见表 11-3；新郑灰枣干枣和若羌灰枣干枣等级地方标准见表 11-4 和表 11-5 。

表 11-3　大红枣等级规格质量(国家级)

<table>
<tr><th>指标
等级</th><th>果形和个头</th><th>品　质</th><th>损伤和缺点</th><th>含水量</th></tr>
<tr><td>一　等</td><td>果形饱满，具有本品种应有的特征，个大均匀</td><td rowspan="2">肉质肥厚，具有本品种应有的色泽；身干，手握不粘个，杂质不超过 0.5%</td><td>无霉烂、浆头，无不熟果，无病果，虫果、破头 2 项不超过 5%</td><td rowspan="3">不高于 25%</td></tr>
<tr><td>二　等</td><td>果形良好，具有本品种应有的特征，个头均匀</td><td>无霉烂，允许浆头不超过 2%，不熟果不超过 3%，病虫果、破头 2 项各不超过 5%</td></tr>
<tr><td>三　等</td><td>果形正常，个头不限</td><td>肉质肥、瘦不均，允许有不超过 10% 的果实色泽稍浅，身干，手握不粘个，杂质不超过 0.5%</td><td>无霉烂，允许浆头不超过 5%，不熟果不超过 5%，病虫果、破头 2 项不超过 15%(其中病虫果不得超过 5%)</td></tr>
</table>

表 11-4　新郑灰枣干枣等级规格质量(地方标准)

指标 等级	水分(%)	含糖量(%)	酸度(%)	Vc含量毫克/100克果肉	可食部分(%)	果形和个头	损伤和缺点	品　质
特一级(俗称提手)	25	80	≥1.8	≥10	≥90	果形饱满,呈现长椭圆形,纹理浅而疏,个头均匀,每千克不超过166个,单个直径≥1.5厘米	无霉烂、浆头,无不熟果,无病虫果,破头、油头2项不超过3%	肉质肥厚,具有本品种应有的色泽,身干,手握不粘个,杂质不超过0.5%
特级(俗称二提手)		75	1.5～1.8	≥10	≥80	果形饱满,呈现长椭圆形,纹理较浅,个头均匀,每千克不超过203个,单个直径≥1.3厘米	无霉烂、浆头,无不熟果,无病虫果,破头、油头2项不超过5%	肉质较肥厚,具有本品种应有的色泽,身干,手握不粘个,杂质不超过0.5%
一级(俗称小圆瓜)		75	1.5～1.8	≥10	≥80	果形饱满,呈近圆形,纹理浅而疏,个头均匀。每千克不超过311个,单个直径≥1.2厘米	无霉烂、浆头,无不熟果,无病虫果,破头、油头2项不超过5%	肉质较肥厚,具有本品种应有的色泽,身干,手握不粘个,杂质不超过0.5%
二级(俗称行枣)		70	1.3～1.6	≥10	≥75	果形良好,具有本品种应有的特征,个头均匀,每千克不超过311个,单个直径≥1.2厘米	无霉烂、浆头,病虫果、破头、油头、干条4项不超过17%(其中病虫果不得超过9%)	肉质较厚,具有本品种应有的色泽,身干,手握不粘个,杂质不超过0.5%

续表 11-4

等级＼指标	水分(%)	含糖量(%)	酸度(%)	Vc含量毫克/100克果肉	可食部分(%)	果形和个头	损伤和缺点	品质
三级（俗称次枣）	25	66	1.0～1.3	≥10	≥66	果形正常，具有本品种应有的特征，每千克果数不限	无霉烂，允许浆头、病虫果、破头、油条、干条5项不超过20%（其中病虫果不得超过10%）	肉质肥、瘦不均，具有本品种应有的色泽，身干，手握不粘个，杂质不超过0.5%

表 11-5　若羌灰枣干枣等级标准（地方标准）

等级	不合格果(%)						感官					杂质(%)	水分(%)	可食率(%)	总糖(%)	单果重(g)
	不熟果	霉烂果	病虫果	破头	油头	干条	果形	果面	色泽	果肉	均匀度					
特级	无	无	无	≤1	≤1	无	饱满	皱纹细浅	紫红色，光泽好	紧凑密实，肉质肥厚，食具黏性，味香甜，具有本品种独特的口味	个头均匀	≤0.5	≤25	≥90	≥72	≥6.5
一级	无	无	无	≤2	≤2	≤1	饱满	皱纹浅	紫红色，光泽良好	紧凑密实，肉质肥厚，食具黏性，味香甜，具有本品种独特的口味	个头均匀	≤0.5	≤25	≥90	≥72	≥5
二级	无	无	≤2	≤3	≤3	≤2	正常	不限	紫红色	紧凑密实，肉质肥厚，食具黏性，味香甜，具有本品种独特的口味	个头均匀	≤0.5	≤25	≥90	≥72	≥4.5

三、干制灰枣的质量检验

(一)检验规则 同等级、同一批干制灰枣的销售和调运作为一个检验批次。扦取的检验样品须有代表性,应在一批灰枣的不同部位,按规定数量扦样,样品的检验结果适用于整个抽验批次,每批灰枣的抽验数量,见表 11-6 。

表 11-6 每批灰枣件数与抽验数量

每批件数	抽样件数
≤100	每 100 件抽验 5 件,不足 100 件以 100 件计
101~500	以 100 件抽验 5 件为基数,每增 100 件抽验 2 件
501~1000	以 500 件抽验 13 件为基数,每增 100 件抽验 1 件
>1000	以 1000 件抽验 18 件为基数,每增 200 件抽验 1 件

如在检验中发现问题,需扩大检验范围时,经交接双方同意可酌情增加扦样数量。在抽扦的样件中,在每件的上、中、下 3 个部位共取样品 300~500 克,将全部样品充分混合后,再从混合样品中 100 件以内取 1.5 千克、101~500 件取 2 千克、501~1 000 件取 3 千克、1 000 件以上取 4 千克,也可经双方同意酌情增减。将按规定取出的样品以四分法分取需要数量的样枣,装入样品袋供检验用。

对于产地分散的个体户出售的红枣,可以在收购时按交售量随机取样,但必须按规定的等级分级验收,经检验不符合本等级规定品质条件的红枣,可按其实际品质定级验收;如交售单位不同意变更等级时,可进行加工整理后重新抽扦验收,以重检的检验结果为准。

(二)干灰枣等级规格质量检验 干灰枣等级规格质量的检验,应根据交接双方的约定,执行国家或地方等级规格质量标准。各产地如果没有等级规格质量标准的应在干灰枣上市前,根据等级质量指标制定干灰枣的等级规格标准样品，作为收购中掌握验级的依据。灰枣的身干程度应以不超过标准规定含水量为准。

1. 果形及色泽　将抽取的样枣，放在洁净的平面上，逐个用肉眼观察样枣的形状和色泽，记录观察结果，以标准规定或标准样品作为评定的依据。

2. 个头　从样枣中按四分法取样 1 000 克，注意观察枣果大小和均匀度，清点枣果的数量，按数记录，并检查有无不符合标准规定的特小枣。

3. 肉质　干灰枣果肉的干湿和肥瘦程度，以制定的标准样品和标准规定为依据。如双方对感官检验结果存在分歧时，可以按标准规定的含水率和参考指标，测定干灰枣的水分或可食率，作为最后评定的依据。

4. 杂质　原包检验。开验件数不可低于规定的检验件数，检验时将红枣倒在洁净的板或布上，用肉眼检查沙土、杂质，连同袋底存有的沙土一起称重，按下面公式计算百分率：

$$\text{杂质含量}=\frac{\text{杂质总重量}}{\text{样枣总重量}}\times 100\%$$

5. 不合格果　从样枣中随机取样 1 000 克，用肉眼检查，根据标准规定分拣出不熟枣、霉烂枣、浆头枣、破头枣、油头枣及其他损伤枣，记录果数，按下面公式计算各单项不合格果的百分率：

$$\text{单项不合格果}(\%)=\frac{\text{单项不合格枣数(重量)}}{\text{样枣数(重量)}}\times 100\%$$

各单项不合格枣果百分率之和即为该批干灰枣不合格枣的百分率。

第四节　干灰枣的贮藏

灰枣干制后，首先要进行挑选分级，然后贮藏。贮藏方法因贮藏量而定，一般在我国灰枣主产区，一家一户枣农多采用缸藏、囤藏、棚藏等。但如遇不良环境条件，枣果易返潮、霉烂变质、虫蛀等，不适宜长期贮藏。随着科技的发展，目前成功应用塑料袋小包装贮藏，可较长时间贮藏干灰枣，且品质较好、虫害发生少。如果干枣贮藏量大，也可采用气调库、通风库等贮藏。不论采用何种贮藏方法，贮藏室内应保持环境干燥，空气相对湿度65%以下，枣果含水量20%左右，温度一般21℃～30℃。

（一）缸藏 适用于家庭式干灰枣贮藏。贮藏前，干灰枣先经晾晒、挑选，然后用60°白酒边喷边入缸，每50千克干灰枣用酒0.4千克，喷洒要均匀，最后再用无毒聚乙烯薄膜覆盖，盖严即可。缸藏是我国干灰枣主产区传统的干灰枣贮藏方法。

（二）塑料袋小包装贮藏 选用0.07毫米厚的无毒聚乙烯薄膜制成40厘米×60厘米的包装袋，每袋装干灰枣4～6千克，抽出袋内空气形成真空，密封，置于干燥凉爽的室内即可。据试验，用此法贮藏1年后的干灰枣，果实饱满、色泽正常、风味纯正，好果率达90%以上，失重率减少10%。

（三）气调贮藏 又叫塑料帐充气贮藏。在干燥的库房中设置塑料帐，将干灰枣密封其内。适用于干灰枣的大量贮藏。

1. **制帐** 选用0.12～0.23毫米厚的无毒聚乙烯薄膜制成塑料大帐。塑料帐的大小要根据贮藏量和房屋大小而定。帐子上、下各设1个气孔，供调气和抽气用。

2. **码垛入帐** 在干燥库房地上铺一层不漏气的塑料薄膜底布，上面再铺一层麻袋，再用木板垫底。然后在木板上把用纸箱装好的干枣堆码整齐，拉上帐子，下端与底布一起卷紧，用土埋好，踩实不让其漏气。

3. **调节气体** 先用抽气机抽出帐内空气，抽至帐壁紧贴枣堆为止，再用制氮机或钢瓶充氮，使帐内氮气浓度保持在1%～2%。初期每天用气体分析仪测帐内二氧化碳和氧气的含量，使二氧化碳含量保持在5%以上,氧气含量保持在1%～2%。如达不到要求应立即调整,待气体成分稳定后,可10～15天测1次。气调贮藏具有费用小和防虫、防霉效果好的特点,是先进的干灰枣贮藏法,宜大力推广。

(四)通风贮藏库贮藏法　适宜于枣加工企业大量贮藏干灰枣。利用通风贮藏库贮藏,库房要干燥凉爽,通风条件好,库房门内应设不低于0.5米高的插板,进气孔、排气孔和窗户应设纱罩。

1. *库房处理*　干灰枣入库前,要对库房进行全面灭菌和防虫处理。灭菌一般用含有效氯25%～30%的漂白粉配成10%的溶液,按库容40毫升/立方米用量喷雾或用25%的过氧乙酸100倍液按库容5～10毫升/立方米喷雾。使用时要注意安全保护,用后的库房必须通风换气除味。

库房防虫一般用马拉硫磷稀释后喷雾。北方枣区用的有效浓度为0.001%～0.002%,南方枣区用的有效浓度为0.003%。在施用时应通气降温,喷药后应关闭门窗1～3天,对库房害虫可有较好的防效。

2. *入库前检验*

(1)*入库验收*　干灰枣入库时必须对干灰枣数量、质量、包装进行严格验收。验收单填写的项目应与货物完全相符,凡与货单不符或品种、等级混淆不清者,应整理后再抽样验收。

(2)*数量验收*　按入库通知单点清数量。一般对整件包装的采取大数点收,对包装破损的应全部清点过秤,整理合格后点收入库。

(3)*质量验收*　按规定项目抽取样品并逐件验收,以件为单位分项记录在入库检验单上。每批干灰枣检验后,计算检验结果,确定红枣质量,符合质量标准的方能登记入库。

(4)*包装验收*　应在抽样时仔细检查包装和标志是否完整、牢固,有无受潮、水湿、油污等异状。凡包装严重破损或有异物者,经加以整理和更换包装,合格后再入库。

(5)检重　入库时干灰枣包装净重、毛重,都须与规定重量相符后才准入库。

3. 堆码入库　干灰枣入库时应根据不同包装合理安排货位,按等级分垛堆码,有效空间贮藏密度不应超过 250 千克/平方米,用起架或托盘堆码,允许增加 10%～20%的贮藏量。堆码高度袋装一般不超过 6 层,箱装依包装物耐压强度而定。货位堆码要求距墙壁、距屋顶超过 0.3 米,距垛、距灯超过 0.5 米,距柱超过 0.1 米,库内通道宽大于 1.5 米,堆底垫木高度大于 0.2 米。货垛排列走向、方式及间隔应与库内空气环流方向一致。垛底、垛顶要进行防潮处理。注意干枣严禁与有毒、有污染、易潮解、易串味的物品混贮。

4. 温、湿度调节　干灰枣贮存要求温度低于 25℃、空气相对湿度 55%～70%。当温度过高时,要适当通风换气。长期贮藏的干灰枣 3～5 个月应倒垛 1 次,暖湿地区 1 个月倒垛 1 次。当湿度过大时要进行吸湿处理,常用的吸湿剂有:氯化钙、氧化钙、硅胶、木炭等。在不影响贮存货位的情况下,将吸湿剂放置于库内四边角或库内潮湿严重的部位。放置后要勤检查,当吸湿剂饱和时应立即更换,直到库内相对湿度达标为止。吸湿剂的用量要根据仓库容积和不同吸湿剂的吸湿能力换算。干灰枣贮藏库常用吸湿剂的吸湿能力,见表 11-7 。

表 11-7　不同吸湿剂的吸湿能力

吸湿剂	吸湿能力(克/千克)	吸湿速度(%)			
		第一天	第二天	第三天	第四天
无水氯化钙	1000～13000	60	20	12	8
工业氯化钙	700～800	60	20	12	8
氯化钙	300	25	25	23	13
硅　胶	264～510	93	4	3	0
木　炭	5～444	40	28	18	12

其吸湿剂的用量按下列公式计算：

$$X=V(A-A_1)/S$$

式中：X——吸湿剂用量（千克）

V——仓库体积（立方米）

A——当时库内绝对湿度（克/立方米）

A_1——库内要求绝对湿度（克/立方米）

S——吸湿能力（克/千克）

注：绝对湿度可查空气湿度换算表。

5. 出库检验　通风贮藏库贮藏干灰枣，贮存期达 8 个月，自然损耗率低于 3.5%，出库时应抽验统计自然损耗率，填写好出库检验记录单。检验方法以扦样量单件称重的平均数量乘以该批干灰枣入库总件数的受检重量。损耗检验程序是将抽取的受检样品逐件称重后，做好记录放回原位，并加标记，以备复查。其损耗结果、损耗率按下面公式计算：

$$X_1=(W-W_1)/W\times100\%$$

式中：X_1——损耗率（%）

W——受检干灰枣入库时总重量（千克）

W_1——受检干灰枣出库时总重量（千克）

参考文献

[1] 曲泽洲,王永惠. 中国果树志·枣卷. 北京:中国林业出版社,1993.

[2] 刘孟军. 枣优质生产技术手册. 北京:中国农业出版社,2004.

[3] 陈贻金. 中国枣树学概论. 北京:中国科学技术出版社,1991.

[4] 李连昌,等. 中国枣树害虫. 北京:中国农业出版社,1992.

[5] 张铁强,等. 枣树无公害栽培技术问答. 北京:中国农业大学出版社,2007.

[6] 杨丰年. 新编枣树栽培与病虫害防治. 北京:中国农业出版社,1996.

[7] 宋宏伟. 优质高档枣生产技术. 郑州:中原农民出版社,2003.

[8] 陈贻金. 枣树病虫及其防治. 北京:中国科学技术出版社,1993.

[9] 王立新. 枣树优良品种与现代栽培. 郑州:河南科学技术出版社,2005.

[10] 温陟良,希荣廷. 干果研究进展(2). 北京:中国林业出版社,2001.

[11] 希荣廷,刘孟军. 干果研究进展(3). 北京:中国农业科学技术出版社,2003.

[12] 张志善,等. 枣无公害高效栽培. 北京:金盾出版社,2004.

[13] 高新一,马元忠等. 枣树高产栽培新技术. 北京:金盾出版社,1998.

[14] 希荣廷,刘孟军. 干果研究进展(4). 北京:中国农业科学技术出版社,2005.

[15] 希荣廷,刘孟军. 干果研究进展(5). 北京:中国农业科学技术出版社,2007.